藝術文獻集成

長物志 考槃餘事

〔明〕文震亨
〔明〕屠隆

浙江人民美術出版社

圖書在版編目(CIP)數據

長物志/(明)文震亨撰;陳劍點校.考槃餘事/(明)屠隆撰;陳劍點校.—杭州:浙江人民美術出版社,2019.12 (2025.4重印)
(藝術文獻集成)
ISBN 978-7-5340-7472-1

Ⅰ.①長… ②考… Ⅱ.①文… ②屠… ③陳… Ⅲ.①園林設計-中國-明代②歷史文物-介紹-中國-古代 Ⅳ.①TU986.2②K871

中國版本圖書館CIP數據核字(2019)第152654號

長物志
〔明〕文震亨 撰
陳 劍 點校

考槃餘事
〔明〕屠 隆 撰
陳 劍 點校

責任編輯 霍西勝 張金輝 羅仕通
責任校對 余雅汝 於國娟
裝幀設計 劉昌鳳
責任印製 陳柏榮

出版發行 浙江人民美術出版社
(浙江省杭州市體育場路347號)
網　　址 http://mss.zjcb.com
經　　銷 全國各地新華書店
製　　版 浙江時代出版服務有限公司
印　　刷 三河市嘉科萬達彩色印刷有限公司
版　　次 2019年12月第1版
印　　次 2025年4月第3次印刷
開　　本 880mm×1230mm 1/32
印　　張 11
字　　數 155千字
書　　號 ISBN 978-7-5340-7472-1
定　　價 59.80圓

長物志

點校説明

文震亨，字啟美，明萬曆十三年（一五八一）生，南直隸長洲人（今江蘇蘇州）。文氏家族乃當地郡望，其曾祖文徵明，官至翰林待詔，以書畫詩文四絕稱雄吴中。祖父文彭官南京國子監博士，工書畫、篆刻。父文元發官至河南衛輝府同知，亦以書畫詩文著稱於世。兄文震孟於天啟二年（一六二二）狀元及第，授翰林院編修。出身名門的文震亨，厚得家傳，亦投身仕途，并與詩畫林泉締結佳緣。天啟元年（一六二一），文震亨以諸生卒業於南京國子監，然直至崇禎十年（一六三七），方以琴書之才譽滿禁中，崇禎帝改授武英殿中書舍人，又三年，因朋黨之事受牽連入獄。南明弘光元年（一六四五），清兵破蘇州城，文震亨避亂陽澄湖畔，聞剃髮令，先以投河自盡未遂，後絶食六日，嘔血而亡。四明西亭凌雪撰《南天痕》收其遺書曰：「我保一髮，下覲祖宗。」

文震亨一生仕途坎坷，并以大義凜然之氣節爲後人所崇敬。然而，其個人生活則迥異於沉淪的政治生涯，而處處瀰漫著清居、隱逸的恬靜與充實，不僅能以琴、書聞達於天子，其畫「宗宋、元諸家，格韻兼勝」（徐𤊹公《明畫録》），在林泉營造方面，亦多有造詣，并親身參與造園實踐。文震亨著述頗豐，據陳清《吴縣志·藝文志》記載，除《長物志》外，尚有《琴譜》、《開讀傳信》、《載贄》、《清瑶外傳》、《武夷外語》、《金門録》、《文生小草》、《稜陵竹枝歌》、《香草詩選》、《岱宗拾遺》、《新集》、《香草垞前後志》、《怡老園記》等十餘種，所述内容涉及詩文、書畫、音律、林泉等，正是由於文震亨幾近全面的藝術素養，百科全書式的《長物志》便應運而生了。

按照通行的釋義，《長物志》的命名，源於《世説新語》：「王恭從會稽還，王大看之。見其坐六尺簟，因語恭：『卿東來，故應有此物，可以一領及我。』恭無言。大去後，既舉所坐者送之。既無餘席，便坐薦上。後大聞之，甚驚，曰：『吾本謂卿多，故求耳。』對曰：『丈人不悉恭，恭作人無長物。』」即含有身外之物的意思。全書分室廬、花木、水石、禽魚、書畫、几榻、器具、衣飾、舟車、位置、蔬果、香茗等十二卷，涉及現代學科中的建築、動物、植物、礦物、藝術、園藝、等方面，可謂包羅萬象。當然，全書最爲核心的部份，則可劃爲園藝、建築、藝術等學科，對衣、食、住、行、用等各個方面的生活日用文化及其精神追求，進行了概括性的描述，對晚明文人的生活方式做了百科全書式的概覽，使之成爲研究晚明物質文化、建築營造、文人生活必不可少的參考資料之一，是古代造物藝術理論的代表性著作，具有極爲重要的文獻價值。

陳植在《長物志校注自序》中，統計的《長物志》版本有十種，綜合筆者所掌握的資料，其版本數量在十數種之多。按照版本時間先後，列舉如下：

一、明刻本三種。一、二種内文均八行十六字，未注明年代版本，不同之處在分別作两册和四册裝訂，中國國家圖書館藏。第三種裝成三册，除各卷均注「雁門文震亨編、東海徐成瑞校」外，還注明：卷一太原王留定，卷二滎陽潘之恒定，卷三隴西李流芳定，卷四彭城錢希言定，卷五吴興沈德符定，卷六吴興沈春澤定，卷七天水趙宧光定，卷八太原王留定，卷九譙國婁堅定，卷十京兆宋繼祖定，卷十一汝南周永年定，卷十二兄震孟定。并有序，署：「友弟吴興沈春澤書於餘英草閣」。

二、《小鬱林叢書》本。平州黄华蕃芳洲（活動於清康熙年間）辑，南京圖書館藏。

三、《四庫全書》本。清乾隆年間據浙江鮑士恭家藏本手抄。該本卷八、卷九、卷十分別作《位置》、《衣飾》、《舟車》，與他本有較大差異。

四、《硯雲乙編》本。清乾隆四十三年（一七七八）硯雲書屋刻本，全二册。後有咸豐元年（一八五一）增刻本。

五、《粤雅堂叢書》（三編第二十四集）本。咸豐三年（一八五三）南海伍崇曜粤雅堂刻。

六、《娱意録叢書》本。光緒年間吴縣潘志萬（一八四九—一八九九）輯，桐西書屋緑柳精鈔本。

七、《古今説部叢書》（一集）本。宣統二年（一九一〇）上海國學扶輪社鉛印本。後有民國四年（一九一五）鉛印，中國圖書公司和記印行。

八、《申報館叢書》（《續集》）本。清末上海商務印書館據《硯雲乙編》本鉛印。

九、《説庫》本。民國四年（一九一五）上海文明書局石印本。後有民國十四年（一九二五）再版。

一〇、《美術叢書》（三集第九輯）本。民國十七年（一九二八）上海神州國光社鉛印。後又分别於民國十七年（一九二八）、民國二十五年（一九三六）、民國三十六年（一九四七）再版或修訂。

一一、《叢書集成》（初編）本。民國二十五年（一九三六）商務印書館鉛字本，并附説明「本館《叢書集成初編》所選，《硯雲甲乙編》及《粤雅堂叢書》皆收有此書，硯雲在前，故據以排印，并録粤雅本所載沈春澤序於後。」

綜合以上諸本之不同特點，并結合實際情況，此次點校最終選定《四庫全書》本、《説庫》本、《美術叢書》本、《叢書集成》本作爲工作本，以《叢書集成》本爲底本（簡稱「叢集本」）；同時以《四庫全書》本（簡稱「四庫本」）、《美術叢書》本（簡稱「美叢本」）、《説庫》本（稱「説庫本」）作爲校本，同時吸收并借鑒了陳植校註、楊超伯校訂《長物志校注》等簡體字本的相關校注，對全書進行了點校。

長物志目録

卷二

花木

卷三

水石

卷四

卷五

書畫

卷六

卷七

器具

卷八

衣飾

卷九

舟車

卷十

位置

卷十一

蔬果

卷十二

香茗

序

夫標榜林壑，品題酒茗，收藏位置圖史、杯鐺之屬，於世爲閒事，於身爲長物。而品人者，於此觀韻焉，才與情焉，何也？挹古今清華美妙之氣於耳目之前，供我呼吸；羅天地瑣雜碎細之物於几席之上，聽我指揮；挾日用寒不可衣、饑不可食之器，尊踰拱璧，享輕千金，以寄我之慷慨不平：非有真韻、真才與真情以勝之，其調弗同也。近來富貴家兒與一二庸奴鈍漢，沾沾以好事自命，每經賞鑒，出口便俗，入手便粗，縱極其摩挲護持之情狀，其污辱彌甚，遂使真韻、真才、真情之士，相戒不談風雅。嘻！亦過矣！司馬相如攜卓文君，賣車騎，買酒舍，文君當壚滌器，映帶犢鼻褌邊；陶淵明方宅十餘畝，草屋八九間，叢菊孤松，有酒便飲，境地兩截，要歸一致；右丞茶鐺藥臼，經案繩牀；香山名姬駿馬，攫石洞庭，結堂廬阜；長公聲伎酣適於西湖，煙舫翩躚乎赤壁，禪人酒伴，休息夫雪堂，豐儉不同，總不礙道，其韻致才情，政自不可掩耳！予向持此論告人，獨余友啟美氏絕領之。春來將出其所纂

《長物志》十二卷，公之藝林，且屬予序。予觀啟美是編，室盧有制，貴其爽而倩、古而潔也；花木、水石、禽魚有經，貴其秀而遠、宜而趣也；書畫有目，貴其奇而逸、雋而永也；几榻有度，器具有式，位置有定，貴其精而便、簡而裁、巧而自然也；衣飾有王謝之風，舟車有武陵蜀道之想，蔬果有仙家瓜棗之味，香茗有荀令、玉川之癖，貴其幽而閒，淡而可思也。法律指歸，大都游戲點綴中一往刪繁去奢之意義存焉。豈唯庸奴、鈍漢不能窺其崖略，即世有真韻致、真才情之士，角異獵奇，自不得不降心以奉啟美爲金湯，誠宇內一快書，而吾黨一快事矣！余因語啟美：「君家先徵仲太史，以醇古風流，冠冕吳趨者，幾滿百歲，遞傳而家聲遠香，詩中之畫，畫中之詩，窮吳人巧心妙手，總不出君家譜牒。即余日者過子，盤礴累日，嬋娟爲堂，玉局爲齋，令人不勝描畫，則斯編常在子衣履襟帶間，弄筆費紙，又無乃多事耶？」啟美曰：「不然，吾正懼吳人心手日變。如子所云，小小閒事長物，將來有濫觴而不可知者，聊以是編隄防之。」有是哉！刪繁去奢之一言，足以序是編也。予遂述前語相諗，令世覯是編，不徒占啟美之韻、之才、之情，可以知其用意深矣。沈春澤謹序。

長物志卷一

室廬

居山水間者爲上，村居次之，郊居又次之。吾儕縱不能栖巖止谷，追綺園之蹤；而混跡廛市，要須門庭雅潔，室廬清靚。亭臺具曠士之懷，齋閣有幽人之致。又當種佳木怪籜，陳金石圖書。令居之者忘老，寓之者忘歸，游之者忘倦。蘊隆則颯然而寒，凛冽則煦然而燠。若徒侈土木，尚丹堊，真同桎梏樊檻而已。志室廬第一。

門

用木爲格，以湘妃竹横斜釘之，或四或二，不可用六。兩傍用板爲春帖，必隨意取唐聯佳者刻於上。若用石梱，必須板扉。石用方厚渾樸，庶不涉俗。門環得古青緑蝴蝶、獸面，或天雞、饕餮之屬，釘於上爲佳。不則用紫銅，或精鐵如舊式鑄成亦可，黄、白銅俱不可用也。漆惟朱、紫、黑三色，餘不可用。

階

自三級以至十級，愈高愈古，須以文石剥成。種繡墩或草花數莖於内〔一〕，枝葉紛披，映階傍砌。以太湖石疊成者，曰澀浪，其制更奇，然不易就。複室須内高於外，取頑石具苔斑者嵌之，方有巖阿之致。

窗

用木爲粗格，中設細條三眼，眼方二寸，不可過大。窗下填板尺許，佛樓禪室，間用菱花及象眼者。窗忌用六，或二、或三、或四，隨宜用之。室高，上可用横窗一扇，下用低檻承之。俱釘明瓦，或以紙糊，不可用絳素紗及梅花簟。冬月欲承日，製大眼風窗〔二〕，眼徑尺許，中以線經其上，庶紙不爲風雪所破，其制亦雅，然僅可用之小齋、丈室〔三〕。漆用金漆，或朱、黑二色，雕花、綵漆，俱不可用。

欄干

石欄最古，第近於琳宮梵宇，及人家冢墓。傍池或可用，然不如用石蓮柱二，木欄爲雅。柱不可過高，亦不可雕鳥獸形。亭、榭、廊、廡，可用朱欄及鵝頸承坐。堂中須以巨木雕如石欄，而空其中。頂用柿頂，朱飾；中用荷葉寶瓶，緑飾。卍字者，宜閨閣中，不甚古雅；取畫圖中有可用者，以意成之，可也。三横木最便，第太樸，不可多用。更須每楹一扇，不可中竪一木分爲二三，若齋中，則竟不必用矣。

照壁

得文木如豆瓣楠之類爲之，華而復雅，不則竟用素染，或金漆亦可。青紫及灑金描畫，俱所最忌。亦不可用六，堂中可用一帶，齋中則止中楹用之。有以夾紗窗或細格代之者，俱稱俗品。

堂

堂之制，宜宏敞精麗，前後須層軒廣庭，廊廡俱可容一席。四壁用細磚砌者佳，不則竟用粉壁。梁用球門，高廣相稱。層階俱以文石爲之，小堂可不設窗檻。

山齋

宜明淨，不可太敞。明淨可爽心神，太敞則費目力。或傍簷置窗檻，或由廊以入，俱隨地所宜。中庭亦須稍廣，可種花木，列盆景，夏日去北扉，前後洞空。庭際沃以飯瀋，雨漬苔生，緑縟可愛。遶砌可種翠芸草令遍〔四〕，茂則青葱欲浮。前垣宜矮。有取薜荔根瘞牆下，灑魚腥水於牆上以引蔓者，雖有幽致，然不如粉壁爲佳。

丈室

丈室宜隆冬寒夜，略倣北地暖房之制，中可置卧榻及禪椅之屬。前庭須廣，以承日色，留西窗以受斜陽，不必開北牖也。

佛堂

築基高五尺餘，列級而上，前爲小軒，及左右俱設歡門，後通三楹供佛。庭中以石子砌地，列旛幢之屬，另建一門，後爲小室，可置臥榻。

橋

廣池巨浸，須用文石爲橋，雕鏤雲物，極其精工，不可入俗。小溪曲澗，用石子砌者佳，四傍可種繡墩草。板橋須三折，一木爲欄，忌平板作朱卍字欄。有以太湖石爲之，亦俗。石橋忌三環，板橋忌四方磬折，尤忌橋上置亭子。

茶寮

構一斗室，相傍山齋，内設茶具，教一童專主茶役，以供長日清談，寒宵兀坐。幽人首務，不可少廢者。

琴室

古人有於平屋中埋一缸，缸懸銅鐘，以發琴聲者。然不如層樓之下，蓋上有板，則聲不散；下空曠，則聲透徹。或於喬木〔五〕、修竹、巖洞、石室之下，地清境絶，更爲雅稱耳。

浴室

前後二室，以牆隔之，前砌鐵鍋，後燃薪以俟。更須密室，不爲風寒所侵。近牆鑿井，具轆轤，爲竅引水以入。後爲溝，引水以出。澡具巾帨，咸具其中。

街徑庭除

馳道廣庭，以武康石皮砌者最華整。花間岸側〔六〕，以石子砌成，或以碎瓦片斜砌者，雨久生苔，自然古色。寧必金錢作埒，乃稱勝地哉？

樓閣

樓閣，作房闥者，須回環窈窕；供登眺者，須軒敞宏麗；藏書畫者，須爽塏高深，此其大略也。樓作四面窗者，前楹用窗，後及兩旁用板。閣作方樣者，四面一式。樓前忌有露臺、卷篷，樓板忌用磚鋪。蓋既名樓閣，必有定式，若復鋪磚，與平屋何異？高閣作三層者，最俗。樓下柱稍高，上可設平頂。

臺

築臺忌六角，隨地大小爲之，若築於土岡之上，四周用粗木，作朱闌，亦雅。

海論〔七〕

忌用承塵，俗所稱天花板是也，此僅可用之廨宇中，地屏則間可用之。暖室不可加簟，或用氍毹爲地衣，亦可，然總不如細磚之雅。南方卑濕，空鋪最宜，略多費耳。室忌五柱，忌有兩廂。前後堂相承，忌工字體，亦以近官廨也，退居則間可用。忌傍無避弄。庭較屋東偏稍廣，則西日不逼，忌長而狹，忌矮而寬。亭忌上鋭下狹，忌小六角，忌用葫蘆頂，忌以茆蓋，忌如鐘鼓及城樓式。樓梯須從後影壁上，忌置兩傍，磚者作數曲更雅。臨水亭榭，可用藍絹爲幔，以蔽日色；紫絹爲帳，以蔽風雪，外此俱不可用。尤忌用布，以類酒船及市藥設帳也。小室忌中隔，若有北窗者，則分爲二室，忌紙糊，忌作雪洞，此與混堂無異，而俗子絶好之，俱不可解。忌爲卍字窗傍填板，忌牆角畫各色花鳥〔八〕。古人最重題壁，今即使顧、陸點染，鍾、王濡筆，俱不如素壁爲佳。忌長廊一式，或更互其制，庶不入俗。忌竹木屏及竹籬之屬，忌黄白銅爲屈戌。庭際不可鋪細方磚，爲承露臺則可。忌兩楹而中置一梁，上設叉手笆。此皆舊制，而不甚雅。忌用板隔，隔必以磚。忌梁椽畫羅紋及金方勝。如古屋歲久，木色已舊，未免繪飾，必須高手爲之。凡入門處，必小委曲，忌太直。齋必三楹，傍更作一室，可置臥榻。面北小庭，不可太廣，以北風甚厲也。忌中楹設欄楯，如今拔步牀式。

忌穴壁爲櫥，忌以瓦爲牆，有作金錢梅花式者，此俱當付之一擊。又鴟吻好望，其名最古，今所用者，不知何物，須如古式爲之，不則亦倣畫中室宇之制。簷瓦不可用粉刷，得巨栟櫚擘爲承溜，最雅；否則用竹，不可用木及錫。忌有卷棚，此官府設以聽兩造者，於人家不知何用。忌用梅花篛。堂簾惟温州湘竹者佳，忌中有花如繡補，忌有字如「壽山」、「福海」之類。總之，隨方製象，各有所宜，寧古無時，寧樸無巧，寧儉無俗。至於蕭疎雅潔，又本性生，非强作解事者所得輕議矣。

校勘記

〔一〕「種繡墩或草花數莖於内」，説庫本「繡墩」作「繡墩草」，「花」作「化」。

〔二〕「製大眼風窗」，説庫本「大」作「有」。

〔三〕「丈室」，説庫本「丈」作「器」。

〔四〕「芸草」，美叢本「芸」作「雲」。

〔五〕「喬木」，四庫本、美叢本「木」均作「松」。

〔六〕「花間岸側」，四庫本「岸」作「垿」。

〔七〕「海論」，説庫本、美叢本均作「總論」。

〔八〕「忌牆角畫各色花鳥」，四庫本、美叢本均作「忌牆角畫棵及花鳥」。

長物志卷二

花木

弄花一歲，看花十日。故幃箔映蔽，鈴索護持，非徒富貴容也。第繁花雜木，宜以畝計。乃若庭除檻畔，必以虬枝古幹，異種奇名，枝葉扶疎，位置疎密。或水邊石際，横偃斜披；或一望成林，或孤枝獨秀。草花不可繁雜，隨處植之，取其四時不斷，皆入圖畫。又如桃、李，不可植於庭除，似宜遠望；紅梅、絳桃，俱借以點綴林中，不宜多植。梅生山中，有苔蘚者，移置藥欄，最古。杏花差不耐久，開時多值風雨，僅可作片時玩。蠟梅，冬月最不可少。他如豆棚、菜圃，山家風味，固自不惡，然必闢隙地數頃，别爲一區，若於庭除種植，便非韻事。更有石磉木柱，架縛精整者，愈入惡道。至於藝蘭栽菊[一]，古各有方，時取以課園丁，考職事，亦幽人之務也。志花木第二。

牡丹　芍藥

牡丹稱花王，芍藥稱花相，俱花中貴裔。栽植賞玩，不可毫涉酸氣。用文石爲欄，參差數級，以次列種。花時設宴，用木爲架，張碧油幔於上，以蔽日色，夜則懸燈以照。忌二種并列，忌置木桶及盆盎中。

玉蘭

宜種廳事前。對列數株，花時如玉圃瓊林，最稱絶勝。别有一種紫者，名木筆，不堪與玉蘭作婢，古人稱辛夷，即此花。然輞川辛夷塢、木蘭柴不應複名，當是二種。

海棠

昌州海棠有香，今不可得，其次西府爲上，貼梗次之，垂絲又次之。余以垂絲嬌媚，真如妃子醉態，較二種尤勝。木瓜花似海棠，故亦曰木瓜海棠。但木瓜花在葉先，海棠花在葉後，爲差别耳。别有一種曰秋海棠，性喜陰濕，宜種背陰階砌，秋花中此爲最艷，亦宜多植。

山茶

蜀茶、滇茶俱貴，黄者尤不易得。人家多以配玉蘭，以其花同時，而紅白爛然，差俗。又有一種名醉楊妃，開向雪中[二]，更自可愛。

桃

桃爲仙木，能制百鬼，種之成林，如入武陵桃源，亦自有致，第非盆盎及庭除物。桃性早實，十年輒枯，故稱短命花。碧桃、人面桃差久，較凡桃更美，池邊宜多植。若桃柳相間，便俗。

李

桃花如麗姝，歌舞場中，定不可少。李如女道士，宜置煙霞泉石間，但不必多種耳。别有一種名郁李子〔三〕，更美。

杏

杏與朱李、蟠桃皆堪鼎足，花亦柔媚。宜築一臺，雜植數十本。

梅

幽人花伴，梅實専房，取苔護蘚封，枝稍古者，移植石巖或庭際，最古。另種數畝，花時坐卧其中，令神骨俱清。緑萼更勝，紅梅差俗。更有虬枝屈曲，置盆盎中者，極奇。蠟梅磬口爲上，荷花次之，九英最下，寒月庭除，亦不可無。

瑞香

相傳廬山有比丘晝寢，夢中聞花香。寤而求得之，故名睡香，四方奇異，謂花中祥瑞，故又名瑞香，别名麝囊。又有一種金邊者，人特重之。枝既粗俗，香復酷烈，能損羣花，稱爲花賊，信不虚也。

薔薇　木香

嘗見人家園林中，必以竹爲屏，牽五色薔薇於上。木香〔四〕架木爲軒，名木香棚。花時雜坐其下，此何異酒食肆中？然二種非屏架不堪植，或移着閨閣，供仕女採掇，差可。别有一種名黄薔薇，最貴，花亦爛熳悦目。更有野外叢生者，名野薔薇，香更濃郁，可比玫瑰。他如寶相、金沙羅、金鉢盂、佛見笑、七姊妹、十姊妹、刺桐、月桂等花，姿態相似，種法亦同。

玫瑰

玫瑰，一名徘徊花，以結爲香囊，芬氳不絶，然實非幽人所宜佩。嫩條叢刺，不甚雅觀，花色亦微俗，宜充食品，不宜簪帶。吴中有以畝計者，花時獲利甚夥。

紫荆　棣棠

紫荆枝幹枯索，花如綴珥，形色香韻，無一可者。特以京兆一事，爲世所述，以比嘉木。余謂不如多種棣棠，猶得風人之旨。

葵花

葵花種類莫定，初夏花繁葉茂，最爲可觀。一曰戎葵，奇態百出，宜種曠處。一曰錦葵，其小如錢，文采可玩，宜種階除。一曰向日，别名西番蓮〔五〕，最惡。秋時一種，葉如龍爪，花作鵝黄者，名秋葵，最佳。

罌粟

以重臺千葉者爲佳，然單葉者，子必滿，取供清味亦不惡，藥欄中不可缺此一種。

薇花

薇花四種，紫色之外，白色者曰白薇，紅色者曰紅薇，紫帶藍色者曰翠薇。此花四月開，九月歇，俗稱百日紅。山園植之，可稱耐久朋。然花但宜遠望，北人呼猴郎達樹，以樹無皮，猴不能捷也。其名亦奇。

芙蓉

宜植池岸，臨水爲佳，若他處植之，絕無丰致。有以靛紙蘸花蕊上，仍裹其尖，花開碧色，以爲佳，此甚無謂。

萱花

蘐草忘憂，亦名宜男，更可供食品，巖間牆角，最宜此種。又有金萱，色淡黄，香甚烈，義興山谷遍滿，吴中甚少。他如紫白蛺蝶、春羅、秋羅、鹿葱、洛陽、石竹，皆此花之附庸也。

薝蔔

一名越桃，一名林蘭，俗名梔子，古稱禪友。出自西域，宜種佛室中。其花不宜近嗅，有微細蟲入人鼻孔，齋閣可無種也。

玉簪

潔白如玉，有微香，秋花中亦不惡。但宜牆邊連種一帶，花時一望成雪，若植盆石中，最俗。紫者名紫萼，不佳。

金錢

午開子落，故名子午花。長過尺許，扶以竹箭，乃不傾欹。種石畔，尤可觀。

藕花

藕花，池塘最勝，或種五色官缸，供庭除賞玩猶可。缸上忌設小朱欄。花亦當取異種，如并頭、重臺、品字、四面、觀音、碧蓮、金邊等，乃佳。白者藕勝，紅者房勝。不可種七石酒缸及花缸内。

水仙

水仙二種，花高葉短，單瓣者佳。冬月宜多植，但其性不耐寒，取極佳者移盆盎，置几案間。次者雜植松竹之下，或古梅奇石間，更雅。馮夷服花八石，得爲水仙，其名最雅，六朝人乃呼爲雅蒜，大可軒渠。

鳳仙

號金鳳花，宋避李后諱，改爲好兒女花。其種易生，花葉俱無可觀。更有以五色種子同納竹筒，花開五色，以爲奇，甚無謂。花紅，能染指甲，然亦非美人所宜。

茉莉　素馨　夜合〔六〕

夏夜最宜多置，風輪一鼓，滿室清芬。章江編籬插棘，俱用茉莉。花時，千艘俱集虎丘，故花市初夏最盛。培養得法，亦能隔歲發花，第枝葉非几案物，不若夜合，可供瓶玩。

杜鵑

花極爛熳，性喜陰畏熱，宜置樹下陰處，花時移置几案間。别有一種名映山紅，宜種石巖之上，又名羊躑躅。

秋色

吴中稱雞冠、雁來紅、十様錦之屬，名秋色。秋深，雜彩爛然，俱堪點綴。然僅可植廣庭，若幽窗多種，便覺蕪雜。雞冠有矮脚者，種亦奇。

松

松、柏，古雖并稱，然最高貴者，必以松爲首。天目最上，然不易種。取栝子松植堂前廣庭，或廣臺之上，不妨對偶。齋中宜植一株，下用文石爲臺，或太湖石爲欄，俱可。水仙、蘭蕙、萱草之屬，雜蒔其下。山松宜植土岡之上，龍鱗既成，濤聲相應，何減五株、九里哉？

木槿

花中最賤，然古稱舜華，其名最遠，又名朝菌。編籬野岸，不妨間植，必稱林園佳友，未之敢許也。

桂

叢桂開時，真稱香窟。宜闢地二畝，取各種并植，結亭其中，不得顔以天香、小山等語，更勿以他樹雜之。樹下地平如掌，潔不容唾，花落地，即取以充食品。

柳

順插爲楊，倒插爲柳，更須臨池種之。柔條拂水，弄緑搓黄，大有逸致。且其種不生蟲，更可貴也。西湖柳亦佳，頗涉脂粉氣。白楊、風楊，俱不入品。

黄楊

黄楊未必厄閏，然實難長，長丈餘者，緑葉古株，最可愛玩，不宜植盆盎中。

芭蕉

綠窗分映，但取短者爲佳，蓋高則葉爲風所碎耳。冬月，有去梗以稻草覆之者，過三年，即生花結甘露，亦甚不必。又有作盆玩者，更可笑。不如棕櫚爲雅，且爲麈尾蒲團，更適用也。

槐榆

宜植門庭，板扉綠映，真如翠幄。槐有一種天然樛屈，枝葉皆倒垂蒙密，名盤槐，亦可觀。他如石楠、冬青、杉、柏，皆邱壠間物，非園林所尚也。

梧桐

青桐有佳蔭，株綠如翠玉，宜種廣庭中，當日令人洗拭〔七〕。且取枝梗如畫者，若直上而旁無他枝，如拳如蓋，及生棉者，皆所不取，其子亦可點茶。生於山岡者，曰岡桐，子可作油。

椿

椿樹高聳，而枝葉疎，與樗不異，香曰椿，臭曰樗。圃中沿牆，宜多植以供食。

銀杏

銀杏株葉扶疎，新緑時最可愛。吴中刹宇及舊家名園，大有合抱者，新植似不必。

烏臼

秋晚葉紅可愛，較楓樹更耐久，茂林中有一株兩株，不減石徑寒山也。

竹

種竹宜築土爲壠，環水爲谿，小橋斜渡，陟級而登，上留平臺，以供坐臥，科頭散髮，儼如萬竹林中人也。否則闢地數畝，盡去雜樹，四週石壘，令稍高，以石柱朱欄圍之，竹下不留纖塵片葉，可席地而坐，或留石臺、石櫈之屬。竹取長枝巨幹，以毛竹爲第一，然宜山不宜城。城中則護基筍最佳，竹不甚雅〔八〕。粉、筋、斑、紫四種俱可，燕竹最下。慈姥竹即桃枝竹，不入品。又有木竹、黄菰竹、箬竹、方竹、黄金間碧玉、觀音、鳳尾、金銀諸竹。忌種花欄之上，及庭中平植一帶、牆頭直立數竿。至如小竹叢生，曰瀟湘竹，宜於石巖小池之畔，留植數枝，亦有幽致。種竹有疎種、密種、淺種、深種之法。疎種，謂三四尺地方種一窠，欲其土虚行鞭；密種，謂竹種雖疎，然每窠却種四五竿，欲其根密；淺種，謂種時入土不深；深種，謂入土雖不深，上以田泥壅之。如法，無不茂盛。又棕竹三等，曰筋頭，曰短柄，二種枝短葉垂，堪植盆盎；曰樸竹，節稀葉硬，全欠温雅，但可作扇骨料及畫叉柄耳。

菊

吴中菊盛時，好事家必取數百本，五色相間，高下次列，以供賞玩，此以誇富貴容則可〔九〕。若真能賞花者，必覓異種，用古盆盎植一枝兩枝，莖挺而秀，葉密而肥。至花發時，置几榻間，坐卧把玩，乃爲得花之性情。甘菊惟蕩口有一種，枝曲如偃蓋，花密如鋪錦者，最奇，餘僅可收花以供服食。野菊，宜着籬落間。種菊有六要、二防之法，謂：胎養、土宜、扶植、雨暘、修葺、灌溉、防蟲，及雀作窠時，必來摘葉，此皆園丁所宜知，又非吾輩事也。至如瓦料盆及合兩瓦爲盆者，不如無花爲愈矣。

蘭

蘭，出自閩中者爲上，葉如劍芒，花高於葉。《離騷》所謂「秋蘭兮青青，緑葉兮紫莖」者，是也。次則贛州者亦佳，此俱山齋所不可少，然每處僅可置一盆，多則類虎丘花市。盆盎須覓舊龍泉、均州、内府、供春絶大者，忌用花缸、牛腿諸俗製。四時培植，春日葉芽已發，盆土已肥，不可沃肥水，常以塵帚拂拭其葉，勿令塵垢。夏日花開葉嫩，勿以手搖動，待其長茂，然後拂拭。秋則微撥開根土，以米泔水少許注根下，勿漬污葉上。冬則安頓向陽暖室，天晴無風舁出，時時以盆轉動，四面令匀，午後即收入，勿令霜雪侵之。若葉黑無花，則陰多故也。治蟻虱，惟以大盆或缸盛水，浸逼花盆，則蟻自去〔一〇〕。又治葉虱如白點，以水一盆，滴香油少許於内，用綿蘸水拂拭，亦自去矣。此藝蘭簡便法也。又有一種出杭州者，曰杭蘭；出陽羨山中者，名興蘭；一幹數花者，曰蕙。此皆可移植石巖之下，須得彼中原本，則歲歲發花。珍珠、風蘭，俱不入品。箬蘭，其葉如箬，似蘭無馨，草花奇種。金粟蘭，名賽蘭，香特甚。

瓶花

堂供，必高瓶大枝，方快人意。忌繁雜如縛，忌花瘦於瓶，忌香、煙、燈、煤熏觸，忌油手拈弄。忌井水貯瓶，味鹹不宜於花。忌以插花水入口，梅花、秋海棠二種，其毒尤甚。冬月入硫黄於瓶中，則不凍。

盆玩

盆玩時尚，以列几案間者爲第一，列庭榭中者次之，余持論則反是。最古者以天目松爲第一，高不過二尺，短不過尺許，其本如臂，其針若簇，結爲馬遠之「欹斜詰屈」、郭熙之「露頂張拳」、劉松年之「偃亚層疊」、盛子昭之「拖曳軒翥」等狀〔一二〕，栽以佳器，槎牙可觀。又有古梅，蒼蘚鱗皴，苔鬚垂滿，含花吐葉，歷久不敗者，亦古。若如時尚，作沉香片者，甚無謂。蓋木片生花，有何趣味？真所謂以耳食者矣。又有枸杞及水冬青、野榆、檜柏之屬，根若龍蛇，不露束縛鋸截痕者，俱高品也。其次則閩之水竹，杭之虎刺，尚在雅俗間。乃若菖蒲九節，神仙所珍，見石則細，見土則粗，極難培養。吴人洗根澆水，竹翦修淨，謂朝取葉間垂露，可以潤眼，意極珍之。余謂：此宜以石子鋪一小庭，遍種其上，雨過青翠，自然生香；若盆中栽植，列几案間，殊爲無謂，此與蟠桃、雙果之類，俱未敢随俗作好也。他如春之蘭蕙，夏之夜合、黄香萱、夾竹桃花，秋之黄密矮菊，冬之短葉水仙及美人蕉諸種，俱可随時供玩。盆以青緑古銅、白定、官、哥等窑爲第一，新製者五色内窑及供春粗料可用，餘不入品。盆宜圓，不宜方，尤忌長狹。石以靈璧、英石、西山佐之，餘亦不入品。齋中亦僅可置一二盆，不可多列。小者忌架於朱几，大者忌置於官磚，得舊石櫈或古石蓮磉爲座，乃佳。

校勘記

〔一〕「至於藝蘭栽菊」，美叢本「栽」作「裁」。

〔二〕「開向雪中」，美叢本「向」作「白」。

〔三〕「别有一種名『郁李子』」，叢集本「郁」作「都」，據四庫本、説庫本、美叢本改。

〔四〕「木香」，各本俱脱，據文意補。

〔五〕按「蓮」，各本俱同，疑當作「葵」。

〔六〕「夜合」，叢集本、四庫本、説庫本均作「百合」，據美叢本改。

〔七〕「當日令人洗拭」，美叢本「洗」作「浣」。

〔八〕「竹不甚雅」，美叢本「竹」作「餘」。

〔九〕「此以誇富貴容則可」，美叢本「容」作「客」。

〔一〇〕「則蟻自去」，叢集本「蟻」作「黄」，據四庫本、説庫本、美叢本改。

〔一一〕「盛子昭」，叢集本、四庫本、説庫本「昭」均作「照」，據美叢本改；叢集本、四庫本、美叢本「曳」均作「拽」，據説庫本改。

長物志卷三

水石

石令人古，水令人遠。園林水石，最不可無。要須回環峭拔，安插得宜。一峰則太華千尋，一勺則江湖萬里。又須修竹、老木、怪藤、醜樹，交覆角立，蒼崖碧澗，奔泉汎流，如入深巖絶壑之中，乃爲名區勝地。約略其名，匪一端矣。志水石第三。

廣池

鑿池，自畝以及頃，愈廣愈勝。最廣者，中可置臺榭之屬，或長堤横隔，汀蒲、岸葦雜植其中，一望無際，乃稱巨浸。若須華整，以文石爲岸，朱欄回遶，忌中留土，如俗名戰魚墩[一]，或擬金、焦之類[二]。池傍植垂柳，忌桃杏間種。中畜鳧雁，須十數爲羣，方有生意。最廣處可置水閣，必如圖畫中者佳。忌置簰舍，於岸側植藕花，削竹爲闌，勿令蔓衍。忌荷葉滿池，不見水色。

小池

階前石畔鑿一小池，必須湖石四圍，泉清可見底。中畜朱魚、翠藻，游泳可玩。四周樹野藤、細竹，能掘地稍深，引泉脈者更佳。忌方、圓、八角諸式。

瀑布

山居引泉，從高而下，爲瀑布稍易。園林中欲作此，須截竹，長短不一，盡承簷溜，暗接藏石罅中，以斧劈石疊高，下鑿小池承水，置石林立其下，雨中能令飛泉濆薄，潺湲有聲，亦一奇也。尤宜竹間、松下，青葱掩映，更自可觀。亦有蓄水於山頂，客至去閘，水從空直注者，終不如雨中承溜爲雅。蓋總屬人爲，此尚近自然耳。

鑿井

井水味濁，不可供烹煮，然澆花洗竹，滌硯拭几，俱不可缺。鑿井須於竹樹之下，深見泉脈，上置轆轤引汲，不則蓋一小亭覆之。石欄，古號銀牀，取舊製最大而古樸者，置其上。井有神，井傍可置頑石，鑿一小龕，遇歲時，奠以清泉一杯，亦自有致。

天泉

秋水爲上，梅水次之。秋水白而冽，梅水白而甘。春冬二水，春勝於冬，蓋以和風甘雨故。夏月暴雨不宜，或因風雷蛟龍所致，最足傷人。雪爲五穀之精，取以煎茶，最爲幽況。然新者有土氣，稍陳乃佳。承水用布，於中庭受之，不可用簷溜。

地泉

乳泉漫流如惠山泉爲最勝，次取清寒者。泉不難於清，而難於寒，土多沙、膩泥凝者，必不清寒。又有香而甘者，然甘易而香難，未有香而不甘者也。瀑湧湍急者，勿食，食久令人有頭疾。如廬山水簾、天台瀑布，以供耳目則可，入水品，則不宜。温泉下生硫黄，亦非食品。

流水

江水，取去人遠者。揚子南泠，夾石渟淵，特入首品。河流通泉竇者，必須汲置，候其澄澈，亦可食。

丹泉

名山大川，仙翁修煉之處，水中有丹，其味異常，能延年却病。此自然之丹液，不易得也。

品石

石以靈璧爲上，英石次之。然二種品甚貴，購之頗艱，大者尤不易得，高踰數尺者，便屬奇品。小者可置几案間，色如漆、聲如玉者，最佳。横石以蠟地，而峰巒峭拔者爲上。俗言「靈璧無峰」、「英石無坡」，以余所見，亦不盡然。他石紋片粗大，絶無曲折、屼嵂、森聳、崚嶒者。近更有以大塊辰砂、石青、石緑爲研山盆石，最俗。

靈璧

出鳳陽府宿州靈璧縣，在深山沙土中，掘之乃見。有細白紋如玉，不起巖岫。佳者如卧牛、蟠螭，種種異狀，真奇品也。

英石

出英州倒生巖下，以鋸取之，故底平起峰，高有至三尺及丈餘者。小齋之前，疊一小山，最爲清貴，然道遠不易致。

太湖石

石在水中者爲貴，歲久爲波濤衝擊，皆成空石，面面玲瓏。在山上者名旱石，枯而不潤，贋作彈窩，若歷年歲久，斧痕已盡，亦爲雅觀。吴中所尚假山，皆用此石。又有小石久沉湖中，漁人網得之，與靈璧、英石亦頗相類，第聲不清響。

堯峰石

近時始出，苔蘚叢生，古樸可愛。以未經採鑿，山中甚多，但不玲瓏耳。然正以不玲瓏，故佳。

崑山石

出崑山馬鞍山下，生於山中，掘之乃得。以色白者爲貴。有雞骨片、胡桃塊二種，然亦俗尚，非雅物也。間有高七八尺者，置之古大石盆中〔三〕，亦可。此山皆火石，火氣暖，故栽菖蒲等物於上，最茂。惟不可置几案及盆盎中。

錦川　將樂　羊肚

石品，惟此三種最下，錦川尤惡。每見人家石假山，輒置數峰於上，不知何味？斧劈以大而頑者爲雅。若直立一片，亦最可厭。

土瑪瑙

出山東兖州府沂州。花紋如瑪瑙，紅多而細潤者佳。有紅絲石，白地上有赤紅紋；有竹葉瑪瑙，花斑與竹葉相類，故名。此俱可鋸板，嵌几榻屏風之類，非貴品也。石子五色，或大如拳，或小如豆，中有禽魚、鳥獸、人物、方勝、回紋之形，置青緑小盆，或宣窑白盆内，斑然可玩。其價甚貴，亦不易得，然齋中不可多置。近見人家環列數盆，竟如賈肆。新都人有名醉石齋者，聞其藏石甚富且奇。其地溪澗中，另有純紅、純緑者，亦可愛玩。

大理石

出滇中，白若玉、黑若墨爲貴。白微帶青，黑微帶灰者，皆下品。但得舊石，天成山水雲煙，如米家山，此爲無上佳品。古人以鑲屏風，近始作几榻，終爲非古。近京口一種，與大理相似，但花色不清，石藥填之〔四〕，爲山雲泉石，亦可得高價。然真僞亦易辨，真者更以舊爲貴。

永石

即祁陽石，出楚中。石不堅，色好者有山水、日月、人物之象。紫花者稍勝，然多是刀刮成，非自然者，以手摸之，凹凸者可驗。大者以製屏，亦雅。

校勘記

〔一〕「戰魚墩」，美叢本「戰」作「載」。

〔二〕「或擬金、焦之類」，叢集本「焦」作「蕉」，據四庫本、說庫本、美叢本改。

〔三〕「古大石盆」，四庫本「古」作「高」。

〔四〕「石藥填之」，美叢本「石」作「用」。

長物志卷四

禽魚

語鳥拂閣以低飛，游魚排荇而徑度，幽人會心，輒令竟日忘倦。顧聲音顏色，飲啄態度，遠而巢居穴處，眠沙泳浦，戲廣浮深；近而穿屋賀厦，知歲司晨，啼春噪晚者，品類不可勝紀。丹林緑水，豈令凡俗之品，闌入其中。故必疏其雅潔，可供清玩者數種，令童子愛養餌飼，得其性情，庶幾馴鳥雀、狎鳧魚，亦山林之經濟也。志禽魚第四。

鶴

華亭鶴窠村所出，其[一]體高俊，緑足龜文，最爲可愛。江陵鶴澤[二]、維揚俱有之。相鶴但取標格奇俊，唳聲清亮，頸欲細而長，足欲瘦而節，身欲人立，背欲直削。蓄之者當築廣臺，或高岡土壠之上，居以茅菴，鄰以池沼，飼以魚穀。欲教以舞，俟其飢，置食於空野，使童子拊掌頓足以誘之。習之既熟，一聞拊掌，即便起舞，謂之食化。空林別墅，白石青松，惟此君最宜。其餘羽族，俱未入品。

鸂鶒

鸂鶒能敕水，故水族不能害。蓄之者，宜於廣池巨浸，十百爲羣[三]，翠毛朱喙，燦然水中。他如烏喙白鴨，亦可蓄一二，以代鵝羣，曲欄垂柳之下，游泳可玩。

鸚鵡

鸚鵡能言，然須教以小詩及韻語，不可令聞市井鄙俚之談，聒然盈耳。銅架、食缸，俱須精巧。然此鳥及錦雞、孔雀、倒挂、吐綬諸種，皆斷爲閨閣中物，非幽人所需也。

百舌　畫眉　鸜鴿

飼養馴熟，綿蠻軟語，百種雜出，俱極可聽，然亦非幽齋所宜。或於曲廊之下，雕籠畫檻，點綴景色則可，吴中最尚此鳥。余謂有禽癖者，當覓茂林高樹，聽其自然弄聲，尤覺可愛。更有小鳥名黄頭，好鬥，形既不雅，尤屬無謂。

朱魚

朱魚，獨盛吴中，以色如辰州朱砂，故名。此種最宜盆蓄，有紅而帶黄色者，僅可點綴陂池。

魚類

初尚純紅、純白，繼尚金盔、金鞍、錦被，及印頭紅、裹頭紅、連腮紅、首尾紅、鶴頂紅，繼又尚墨眼、雪眼、硃眼、紫眼、瑪瑙眼、琥珀眼，金管、銀管，時尚極以爲貴。又有堆金砌玉、落花流水、蓮臺八瓣、隔斷紅塵、玉帶圍、梅花片〔四〕、波浪紋、七星紋，種種變態，難以盡述。然亦隨意定名，無定式也。

藍魚　白魚

藍如翠，白如雪，迫而視之，腸胃俱見。此即朱魚別種，亦貴甚。

魚尾

自二尾以至九尾，皆有之，第美鍾於尾，身材未必佳。蓋魚身必洪纖合度，骨肉停勻，花色鮮明，方入格。

觀魚

宜早起，日未出時，不論陂池、盆盎，魚皆蕩漾於清泉碧沼之間。又宜涼天夜月、倒影插波，時時驚鱗潑刺，耳目爲醒。至如微風披拂，琮琮成韻，雨過新漲，縠紋皺緑，皆觀魚之佳境也。

吸水

盆中换水一兩日，即底積垢膩，宜用湘竹一段，作吸水筒吸去之。倘過時不吸，色便不鮮美。故佳魚，池中斷不可蓄。

水缸

有古銅缸，大可容二石，青緑四裹，古人不知何用？當是穴中注油點燈之物，今取以蓄魚，最古。其次以五色内府、官窑、瓷州所燒純白者，亦可用。惟不可用宜興所燒花缸，及七石牛腿諸俗式。余所以列此者，實以備清玩一種，若必按圖而索，亦爲板俗。

校勘記

〔一〕「其」，各本俱作「具」，據文意改。

〔二〕「澤」，各本俱作「津」，據《方輿勝覽》改。

〔三〕「十百爲羣」，四庫本、美叢本「百」均作「數」。

〔四〕「梅花片」，美叢本「片」作「月」。

長物志卷五

書畫

金生於山，珠産於淵，取之不窮，猶爲天下所珍惜。況書畫在宇宙，歲月既久，名人藝士，不能復生，可不珍秘寶愛？一入俗子之手，動見勞辱，卷舒失所，操揉燥裂，真書畫之厄也。故有收藏而未能識鑒，識鑒而不善閱玩，閱玩而不能裝褫，裝褫而不能銓次，皆非能真蓄書畫者。又蓄聚既多，妍媸混雜，甲乙次第，毫不可訛。若使真贋并陳，新舊錯出，如入賈胡肆中，有何趣味？所藏必有晋、唐、宋、元名蹟，乃稱博古。若徒取近代紙墨，較量真僞，心無真賞，以耳爲目，手執卷軸，口論貴賤，真惡道也。志書畫第五。

論書

觀古法書，當澄心定慮。先觀用筆結體、精神照應；次觀人爲天巧、自然强作；次考古今跋尾、相傳來歷；次辨收藏印識、紙色、絹素。或得結構而不得鋒鈕者，摹本也；得筆意而不得位置者，臨本也；筆勢不聯屬，字形如算子者，集書也；形跡雖存，而真彩神氣索然者，雙鈎也。又古人用墨，無論燥、潤、肥、瘦，俱透入紙素，後人僞作，墨浮而易辨。

論畫

山水第一，竹、樹、蘭、石次之，人物、鳥獸、樓殿、屋木，小者次之，大者又次之。人物顧盼語言，花果迎風帶露；鳥獸蟲魚，精神逼真；山水林泉，清閒幽曠；屋廬深邃，橋彴往來；石老而潤，水淡而明；山勢崔嵬，泉流灑落；雲煙出沒，野逕迂回；松偃龍蛇，竹藏風雨；山脚入水澄清，水源来歷分曉：有此數端，雖不知名，定是妙手。若人物如尸如塑，花果類粉揑雕刻；蟲魚鳥獸，但取皮毛；山水林泉，布置迫塞；樓殿模糊錯雜，橋彴强作斷形；徑無夷險，路無出入；石止一面，樹少四枝；或高大不稱，或遠近不分；或濃淡失宜，點染無法；或山脚無水面，水源無來歷：雖有名款，定是俗筆，爲後人塡寫。至於臨摹贋手，落墨設色，自然不古，不難辨也。

書畫價

書價以正書爲標準，如右軍草書一百字，乃敵一行行書，三行行書，敵一行正書。至於《樂毅》、《黃庭》、《畫贊》、《告誓》，但得成篇，不可計以字數。畫價亦然，山水竹石，古名賢象，可當正書；人物花鳥，小者可當行書；人物大者，及神圖佛象、宮室樓閣、走獸蟲魚，可當草書。若夫臺閣標功臣之烈，宮殿彰貞節之名，妙將入神，靈則通聖，開厨或失，挂壁欲飛，但涉奇事異名，即爲無價國寶。又書畫原爲雅道，一作牛鬼蛇神，不可詰識，無論古今名手，俱落第二。

古今優劣

書學必以時代爲限，六朝不及晋魏，宋元不及六朝與唐。畫則不然，佛道、人物、仕女、牛馬，近不及古；山水、林石、花竹、禽魚，古不及近。如顧愷之、陸探微、張僧繇、吴道玄及閻立德、立本，皆純重雅正，性出天然。周昉、韓幹、戴嵩，氣韻骨法，皆出意表，後之學者，終莫能及。至如李成、關仝、范寬、董源、徐熙、黄筌、居寀、二米，勝國松雪、大癡、元鎮、叔明諸公，近代唐、沈，及吾家太史、和州輩，皆不藉師資，窮工極致，借使二李復生，邊鸞再出，亦何以措手其間。故蓄書必遠求上古，蓄畫始自顧、陸、張、吴，下至嘉隆名筆，皆有奇觀，惟近時點染諸公，則未敢輕議。

粉本

古人畫稿，謂之粉本，前輩多寶蓄之。蓋其草草不經意處，有自然之妙。宣和、紹興所藏粉本，多有神妙者。

賞鑒

看書畫如對美人，不可毫涉粗浮之氣。蓋古畫紙絹皆脆，舒卷不得法，最易損壞，尤不可近風日。燈下不可看畫，恐落煤燼，及爲燭淚所污；飯後酒餘，欲觀卷軸，須以淨水滌手；展玩之際，不可以指甲剔損；諸如此類，不可枚舉。然必欲事事勿犯，又恐涉强作清態[二]，惟遇真能賞鑒，及閱古甚富者，方可與談，若對傖父輩，惟有珍秘不出耳。

絹素

古畫絹色墨氣，自有一種古香可愛，惟佛像有香煙熏黑，多是上下二色，僞作者，其色黄而不精采。古絹自然破者，必有鯽魚口，須連三四絲，僞作則直裂。唐絹絲粗而厚，或有擣熟者；有獨梭絹，闊四尺餘者。五代絹極粗如布。宋有院絹，勻淨厚密；亦有獨梭絹，闊五尺餘，細密如紙者。元絹及國朝内府絹俱與宋絹同。勝國時有宓機絹，松雪、子昭畫多用此，蓋出嘉興府宓家，以絹得名，今此地尚有佳者。近董太史筆，多用砑光白綾，未免有進賢氣。

御府書畫

宋徽宗御府所藏書畫，俱是御書標題，後用宣和年號、「玉瓢御寶」記之。題畫書於引首一條，闊僅指大，傍有木印黑色字一行，俱裝池匠花押名款，然亦真僞相雜，蓋當時名手臨摹之作，皆題爲真蹟。至明昌，所題更多，然今人得之，亦可謂買王得羊矣。

院畫

宋畫院衆工凡作一畫，必先呈稿本，然後上真，所畫山水、人物、花木、鳥獸，皆是無名者。今内府所畫水陸及佛像亦然，金碧輝燦，亦奇物也。今人見無名人畫，輒以形似，填寫名款，覓高價，如見牛必戴嵩，見馬必韓幹之類，殊爲可笑。

单條

宋元古畫，斷無此式，蓋今時俗制，而人絶好之。齋中懸挂，俗氣逼人眉睫，即果真蹟，亦當減價。

名家

書畫名家，收藏不可太雜。大者懸挂齋壁，小者則爲卷册，置几案間，邃古篆籀，如鍾、張、衛、索、顧、陸、張、吴，及歷代不甚著名者，不能具論。書則右軍、大令、智永、虞永興、褚河南、歐陽率更、唐明皇、懷素、顔魯公、柳誠懸、張長史、李懷琳、宋高宗、李建中、二蘇、二米、范文正、黄魯直、蔡忠惠、蘇滄浪、薛紹彭、黄長睿、薛道祖〔二〕、范文穆、張即之、先信國、趙吴興、鮮于伯機、康里子山、張伯雨、倪元鎮〔三〕、楊鐵厓、柯丹邱、袁清容、危太素。我朝則宋文憲濂、中書舍人燧、方遜志孝孺、宋南宫克、沈學士度、俞紫芝和、徐武功有貞、金元玉珏〔四〕、沈大理粲、解學士大紳、錢文通溥〔五〕、桑柳州悦、祝京兆允明、吴文定寬、先太史諱〔六〕、王太學寵、李太僕應禎、王文恪鏊、唐解元寅、顧尚書璘、豐考功坊、先兩博士諱〔七〕、王吏部穀祥、陸文裕深、彭孔嘉年、陸尚寶師道、陳方伯鎏、蔡孔目羽、陳山人淳、張孝廉鳳翼、王徵君稺登、周山人天球、邢侍御侗、董太史其昌。又如陳文東璧、姜中書立剛，雖不能洗院氣，而亦錚錚有名者。畫則王右丞、李思訓父子、周昉、董北海〔八〕、李營邱、郭河陽、米南宫、宋徽宗、米元暉、崔白、黄筌、居寀、文與可、李伯時、郭忠恕、董仲翔、蘇文忠、蘇叔黨、王晋卿、張舜民、楊補之、楊季衡、陳容、李唐、馬遠、馬逵、夏珪、范寬、關仝、荆浩、李山、趙松雪、管仲姬、趙仲穆、趙千里、李息齋、吴仲圭、錢舜舉、盛子昭、陳珏、陳仲美、陸天游、曹雲西、唐子華、王元章、高士安、高克恭、王叔明、黄子久、倪元鎮、柯丹邱、方方壺、戴文進、王孟端、夏太常、趙善長、陳惟允、徐幼文、張來儀、宋南宫、周東村、沈貞吉、恒吉、沈石田、杜東原、劉完菴、先太史、先和州、五峰、唐解元、張夢晋、周官、謝時臣、陳道復、仇十洲、錢叔寶、陸叔平，皆名筆不可缺者。他非所宜蓄，即有之，亦不當出以示人。又如鄭顛仙、張復陽、鍾欽禮、蔣三松、張平山、汪海雲，皆畫中邪學，尤非所尚。

宋繡　宋刻絲

宋繡，針線細密，設色精妙，光彩射目。山水分遠近之趣，樓閣得深邃之體，人物具瞻眺生動之情，花鳥極綽約嚵唼之態。不可不蓄一二幅，以備畫中一種。

裝潢

裝潢書畫，秋爲上時，春爲中時，夏爲下時，暑濕及沍寒俱不可裝裱。勿以熟紙，背必皺起，宜用白滑漫薄大幅生紙。紙縫先避人面及接處，若縫縫相接，則卷舒緩急有損，必令参差其縫，則氣力均平，太硬則强急，太薄則失力。絹素彩色重者，不可擣理。古畫有積年塵埃，用皂莢清水數宿，托於太平案扞去[九]，畫復鮮明，色亦不落。補綴之法，以油紙襯之，直其邊際，密其隟縫，正其經緯，就其形制，拾其遺脱，厚薄均調，潤潔平穩。又凡書畫法帖，不脱落，不宜數裝背，一裝背，則一損精神。古紙厚者，必不可揭薄。

法糊

用瓦盆盛水，以麵一斤滲水上，任其浮沉，夏五日，冬十日，以臭爲度。後用清水蘸白芨半兩、白礬三分，去滓和元浸麵打成，就鍋内打勻團，另換水煮熟，去水，傾置一器，候冷。日換水浸，臨用以湯調開，忌用濃糊及敝帚。

裝褫定式

上下天地須用皂綾，龍鳳、雲鶴等樣，不可用團花及葱白、月白二色。二垂帶用白綾，闊一寸許，烏絲粗界畫二條，玉池白綾亦用前花樣。書畫小者須㔿嵌，用淡月白畫絹，上嵌金黃綾條，闊半寸許，蓋宣和裱法，用以題識，旁用沉香皮條。邊大者四面用白綾，或單用皮條邊，亦可參。書有舊人題跋，不宜剪削，無題跋，則斷不可用。畫卷有高頭者不須嵌，不則亦以細畫絹㔿嵌。引首須用宋經箋、白宋箋及宋、元金花箋，或高麗繭紙、日本畫紙俱可。大幅上引首五寸，下引首四寸，小全幅上引首四寸，下引首三寸。上褾除擫竹外，淨二尺，下褾除軸淨一尺五寸，橫卷長二尺者，引首闊五寸，前褾闊一尺，餘俱以是爲率。

褾軸

古人有縷沉檀爲軸身〔一〇〕，以裹〔一一〕金、鍌金、白玉、水晶、琥珀、瑪腦、雜寶爲飾，貴重可觀。蓋白檀香潔去蟲，取以爲身，最有深意。今既不能如舊製，只以杉木爲身，用犀、象、角三種，雕如舊式，不可用紫檀、花梨、法藍諸俗製。畫卷須出軸〔一二〕，形製既小，不妨以寶玉爲之，斷不可用平軸。籤以犀、玉爲之。曾見宋玉籤，半嵌錦帶内者，最奇。

裱錦

古有樗蒲錦、樓閣錦、紫駝花鸞章錦、朱雀錦、鳳皇錦、走龍錦、翻鴻錦，皆御府中物。有海馬錦、龜紋錦、粟地錦、皮毬錦，皆宣和綾，及宋繡花鳥、山水，爲裝池卷首，最古。今所尚落花流水錦，亦可用。惟不可用宋緞及紵絹等物。帶用錦帶，亦有宋織者。

藏畫

以杉、桫木爲匣，匣内切勿油漆，糊紙恐惹黴濕，四、五月，先將畫幅幅展看，微見日色，收起入匣，去地丈餘，庶免黴白。平時張挂，須三五日一易，則不厭觀，不惹塵濕，收起時先拂去兩面塵垢，則質地不損。

小畫匣

短軸作横面開門匣，畫直放入，軸頭貼籤，標寫某書某畫，甚便取看。

捲畫

須顧邊齊，不宜局促，不可太寬，不可着力捲緊，恐急裂絹素，拭抹用軟絹細細拂之，不可以手托起畫背就觀〔一三〕，多致損裂。

法帖

歷代名家碑刻，當以《淳化閣帖》壓卷，侍書王著勒，末有篆題者是。 蔡京奉旨摹者，曰《太清樓帖》； 僧希白所摹者，曰《潭帖》； 尚書郎潘思旦所摹者，曰《絳帖》； 王寀輔道守汝州所刻者，曰《汝帖》； 宋許提舉刻於臨江者，曰《二王帖》； 元祐中刻者，曰《秘閣續帖》； 淳熙年刻者，曰《修内司本》； 高宗訪求遺書，於淳熙閣摹刻者，曰《淳熙秘閣續帖》； 後主命徐鉉勒石，在淳化之前者，曰《昪元帖》； 劉次莊摹閣帖，除去篆題年月，而增入釋文者，曰《戲魚堂帖》； 武岡軍重摹絳帖，曰《武岡帖》； 上蔡人臨摹《絳帖》，曰《蔡州帖》； 趙彦約於南康所刻，曰《星鳳樓帖》；廬江李氏刻，曰《甲秀堂帖》；黔人秦世章所刻，曰《黔江帖》；泉州重摹閣帖，曰《泉帖》；韓平原所刻，曰《羣玉堂帖》；薛紹彭所刻，曰《家塾帖》；曹之格日新所刻，曰《寶晋齋帖》；王庭筠所刻，曰《雪谿堂帖》；周府所刻，曰《東書堂帖》；吾家所刻，曰《停雲館帖》、《小停雲帖》；華氏刻，曰《真賞齋帖》：皆帖中名刻，摹勒皆精。又如歷代名帖，收藏不可缺者，周、秦、漢則史籀篆《石鼓文》、壇山石刻，李斯篆泰山、朐山、嶧山諸碑、《秦誓》、《詛楚文》，章帝《草書帖》，蔡邕《淳于長夏承碑》、《郭有道碑》、《九疑山碑》、《邊韶碑》、《宣父碑》、《北岳碑》，崔子玉《張平子墓碑》，郭香察隷《西岳華山碑》。魏帖則鍾元常《賀捷表》〔一四〕、《大饗碑》、《薦季直表》、《受禪碑》、《上尊號碑》、《宗聖侯碑》，劉玄州《華岳碑》。吴帖則《國山碑》、《延陵季子二碑》。晋帖則《蘭亭記》、《筆陣圖》、《黄庭經》、《聖教序》、《樂毅論》、《周府君碑》、《東方朔贊》、《洛神賦》、《曹娥碑》、《告墓文》、《攝山寺碑》、《裴雄碑》、《興福寺碑》、《宣示帖》、《平西將軍墓銘》、《梁思楚碑》、羊祜《峴山碑》。宋、齊、梁、陳帖則《宋文帝神道碑》，齊倪桂《金庭觀碑》、齊《南陽寺隷書碑》，梁《茅君碑》、《瘞鶴銘》、劉靈正《墮淚碑》。魏、齊、周帖則有魏裴思順《教戒經》，北齊王思誠《八分茅山碑》，後周《大宗伯唐景碑》，蕭子雲《章草出師頌》、《天柱山銘》。隋帖則有《開皇蘭亭》、薛道衡書《朱廠碑》、《舍利塔銘》、《龍藏寺碑》、智永《真行二體千文》、《草書蘭亭》。唐帖：歐書則《九成宫銘》、《房定公墓碑》、《化度寺碑》、《皇甫君碑》、《虞恭公碑》、《真書千文小楷》、《心經》、《夢奠帖》、《金蘭帖》；虞書則《夫子廟堂碑》、《破邪論》、《寶曇塔銘》、《陰聖道場碑》、《汝南公主銘》、《孟法師碑》；褚書則《樂毅論》、《哀册文》、《忠臣像贊》、《龍馬圖贊》、《臨摹蘭亭》、《臨摹聖教》、《陰符經》、《度人經》、《紫陽觀碑》；柳書則《金剛經》、《玄秘塔銘》；顔書則《爭坐位帖》、《麻姑仙壇》、《二祭文》、《家廟碑》、《元次山碑》、《多寶寺碑》、《放生池碑》、《射堂記》、《北岳廟碑》、《草書千文》、《磨崖碑》、《干禄字帖》；懷素書則《自序三種》、《草書千文》、《聖母帖》、《藏真律公二帖》；李北海書則《陰符經》、《娑羅樹碑》、《曹娥碑》、《秦望山碑》、《臧懷庇碑》、《有道先生葉公碑》、《岳麓寺碑》、《開元寺碑》、《荆門行》、《雲麾將軍碑》、《李思訓碑》、《戒壇碑》；太宗書《魏徵碑》、

《屏風帖》、《李勣碑》；玄宗《一行禪師塔銘》、《孝經》、《金仙公主碑》；孫過庭《書譜》；索靖《出師表》；柳公綽《諸葛廟堂碑》；李陽冰《篆書千文》、《城隍廟碑》、《孔子廟碑》；歐陽通《道因禪師碑》；薛稷《昇仙太子碑》；張旭《草書千文》；僧行敦《遺教經》。宋則蘇、黄諸公〔一五〕，如《洋州園池》、《天馬賦》等類。元則趙松雪。國朝則二宋諸公，所書佳者，亦當兼收，以供賞鑒，不必太雜。

南北紙墨

古之北紙，其紋横，質鬆而厚，不受墨；北墨，色青而淺，不和油蠟，故色澹而紋皺，謂之蟬翅搨。南紙其紋竪，用油蠟，故色純黑而有浮光，謂之烏金搨。

古今帖辨

古帖歷年久而裱數多，其墨濃者，堅若生漆，紙面光彩如砑，并無沁墨水蹟侵染，且有一種異馨，發自紙墨之外。

裝帖

古帖宜以文木薄一分許爲板，面上刻碑額、卷數。次則用厚紙五分許，以古色錦或青花白地錦爲面，不可用綾及雜彩色。更須製匣以藏之，宜少方闊〔一六〕，不可狹長闊狹不等。以白鹿紙鑲邊，不可用絹。十册爲匣，大小如一式，乃佳。

宋板

藏書貴宋刻，大都書寫肥瘦有則，佳者有歐、柳筆法，紙質勻潔，墨色清潤。至於格用單邊，字多諱筆，雖辨証之一端，然非考據要訣也。書以班、范二書，《左傳》、《國語》、《老》、《莊》、《史記》、《文選》、諸子爲第一，名家詩文、雜記、道釋等書次之。紙白板新，綿紙者爲上，竹紙活襯者亦可觀。糊背、批點，不蓄可也。

懸畫月令

歲朝，宜宋畫福神及古名賢像。元宵前後，宜看燈、傀儡。正、二月，宜春游、仕女、梅、杏、山茶、玉蘭、桃、李之屬。三月三日，宜宋畫真武像。清明前後，宜牡丹、芍藥。四月八日，宜宋元人畫佛及宋繡佛像。十四，宜宋畫純陽像。端五，宜真人玉符，及宋元名筆端陽景、龍舟、艾虎、五毒之類。六月，宜宋元大樓閣、大幅山水、蒙密樹石、大幅雲山、採蓮、避暑等圖。七夕，宜穿針乞巧、天孫織女、樓閣、芭蕉、仕女等圖。八月，宜古桂，或天香、書屋等圖。九、十月，宜菊花、芙蓉、秋江、秋山、楓林等圖。十一月，宜雪景、臘梅、水仙、醉楊妃等圖。十二月，宜鍾馗迎福、驅魅、嫁妹。臘月廿五，宜玉帝、五色雲車等圖。至如移家，則有葛仙移居等圖。稱壽，則有院畫壽星、王母等圖。祈晴，則有東君。祈雨，則有古畫風雨神龍、春雷起蟄等圖。立春，則有東皇、太乙等圖。皆隨時懸挂，以見歲時節序。若大幅神圖，及杏花、燕子、紙帳梅、過墻梅、松柏、鶴鹿、壽星之類，一落俗套，斷不宜懸。至如宋元小景，枯木、竹石四幅大景，又不當以時序論也。

校勘記

〔一〕「清態」，説庫本「清」作「情」。

〔二〕「薛紹彭、黄長睿、薛道祖」，各本俱同。薛紹彭，字道祖，應去其一。

〔三〕「倪元鎮」後，説庫本多「□□□」，四庫本、美叢本均作「俞紫芝」。

〔四〕「金元玉珏」，美叢本「珏」作「琮」。

〔五〕「錢文通溥」，叢集本、四庫本、説庫本均脱「溥」字，據美叢本補。

〔六〕「先太史諱」，美叢本作「先太史徵明」。

〔七〕「先兩博士諱」，美叢本作「先兩博士彭、嘉」。

〔八〕「董北海」，美叢本「海」作「苑」。

〔九〕「托於大平案扞去」，「去」美叢本作「勻」。

〔一〇〕「古人有縷沉檀爲軸身」，四庫本、美叢本「縷」均作「鏤」。

〔一一〕「裹」，美叢本作「果」。

〔一二〕「畫卷須出軸」，美叢本「須出」作「唐上」。

〔一三〕「不可以手托起畫背就觀」，四庫本、美叢本「背」均作「軸」。

〔一四〕「鍾元常」，叢集本、脱「鍾」字，據美叢本補。

〔一五〕「宋則蘇、黄諸公」，四庫本「黄」作「米」。

〔一六〕「闊」，叢集本作「潤」，據四庫本、美叢本改。

長物志卷六

几榻

古人製几榻，雖長短廣狹不齊，置之齋室，必古雅可愛，又坐臥依憑，無不便適。燕衎之暇，以之展經史、閱書畫、陳鼎彝、羅肴核、施枕簟，何施不可？今人製作，徒取雕繪文飾，以悦俗眼，而古制蕩然，令人慨歎實深。志几榻第六。

榻

坐高一尺二寸，屏高一尺三寸，長七尺有奇，橫一尺〔一〕五寸。周設木格，中實湘竹，下座不虛，三面靠背，後背與兩傍等。此榻之定式也。有古斷紋者，有元螺鈿者，其製自然古雅。忌有四足，或爲螳螂腿，下承以板，則可。近有大理石鑲者，有退光朱黑漆，中刻竹樹，以粉填者，有新螺鈿者，大非雅器。他如花楠、紫檀、烏木、花梨，照舊式製成，俱可用，一改長大諸式，雖曰美觀，俱落俗套。更見元製榻，有長一丈五尺，闊二尺餘，上無屏者，蓋古人連牀夜臥，以足抵足，其制亦古，然今却不適用。

短榻

高尺許，長四尺，置之佛堂、書齋，可以習靜坐禪，談玄揮麈，更便斜倚，俗名彌勒榻。

几〔一〕

以怪樹天生屈曲，若環若帶之半者爲之，横生三足，出自天然。摩弄滑澤，置之榻上或蒲團，可倚手頓顙。又見圖畫中，有古人架足而臥者，制亦奇古。

禪椅

以天台藤爲之，或得古樹根，如虬龍詰曲臃腫，槎牙四出，可挂瓢笠及數珠、瓶鉢等器，更須瑩滑如玉，不露斧斤者爲佳。近見有以五色芝黏其上者，頗爲添足。

天然几

以文木如花梨、鐵梨、香楠等木爲之。第以闊大爲貴，長不可過八尺，厚不可過五寸，飛角處不可太尖，須平圓，乃古式。照倭几下有拖尾者，更奇。不可用四足如書桌式，或以古樹根承之。不則用木，如臺面闊厚者，空其中，略雕雲頭、如意之類，不可雕龍鳳、花草諸俗式。近時所製，狹而長者，最可厭。

書桌

中心取闊大，四周鑲邊，闊僅半寸許，足稍矮而細，則其製自古。凡狹長、混角諸俗式，俱不可用，漆者尤俗。

壁桌

長短不拘，但不可過闊，飛雲、起角、螳螂足諸式，俱可供佛，或用大理及祁陽石鑲者，出舊製，亦可。

方桌

舊漆者最多〔三〕，須取極方大古樸、列坐可十數人者，以供展玩書畫。若近製八仙等式，僅可供宴集，非雅器也。燕几别有譜圖。

臺几

倭人所製，種類、大小不一，俱極古雅精麗。有鍍金鑲四角者，有嵌金銀片者，有暗花者，價俱甚貴。近時倣舊式爲之，亦有佳者，以置尊彝之屬，最古。若紅漆、狹小、三角諸式，俱不可用。

椅

椅之製最多，曾見元螺鈿椅，大可容二人，其製最古。烏木鑲大理石者，最稱貴重，然亦須照古式爲之。總之，宜矮不宜高，宜闊不宜狹。其摺疊單靠、吴江竹椅、專諸禪椅諸俗式，斷不可用。踏足處，須以竹鑲之，庶歷久不壞。

杌

杌有二式，方者四面平等，長者亦可容二人并坐，圓杌須大，四足堋出。古亦有螺鈿朱黑漆者，竹杌及縚環諸俗式，不可用。

櫈

櫈亦用狹邊鑲者爲雅。以川柏爲心，以烏木鑲之，最古。不則竟用雜木，黑漆者亦可用。

交牀

即古胡牀之式，两脚有嵌銀、銀鉸釘圓木者。攜以山游，或舟中用之，最便。金漆摺疊者，俗不堪用。

櫥

藏書櫥須可容萬卷，愈闊愈古，惟深僅可容一册。即闊至丈餘，門必用二扇，不可用四及六。小櫥以有座者爲雅，四足者差俗，即用足，亦必高尺餘，下用櫥殿，僅宜二尺，不則两櫥疊置矣。櫥殿以空如一架者爲雅，小櫥有方二尺餘者，以置古銅玉小器爲宜。大者用杉木爲之，可辟蠹，小者以湘妃竹及豆瓣楠、赤水欏。古黑漆斷紋者，爲甲品。雜木亦俱可用，但式貴去俗耳。鉸釘忌用白銅，以紫銅照舊式，两頭尖如梭子，不用釘釘者爲佳。竹櫥及小木直楞，一則市肆中物，一則藥室中物，俱不可用。小者有内府填漆，有日本所製，皆奇品也。經櫥用朱漆，式稍方，以經册多長耳。

架

書架有大小二式，大者高七尺餘，闊倍之。上設十二格，每格僅可容書十册，以便檢取，下格不可置書，以近地卑濕故也。足亦當稍高。小者可置几上，二格平頭。方木、竹架，及朱黑漆者，俱不堪用。

佛廚 佛桌

用朱黑漆，須極華整，而無脂粉氣。有内府雕花者，有古漆斷紋者，有日本製者，俱自然古雅。近有以斷紋器湊成者，若製作不俗，亦自可用，若新漆八角委角，及建窑佛像，斷不可用也。

牀

以宋、元斷紋小漆牀爲第一，次則内府所製獨眠牀，又次則小木出高手匠作者，亦自可用。永嘉、粤東有摺疊者，舟中攜置亦便。若竹牀及飄簷、拔步、彩漆、卍字、回紋等式，俱俗。近有以柏木硺細如竹者，甚精，宜閨閣及小齋中。

箱

倭箱，黑漆嵌金銀片，大者盈尺，其鉸釘鎖鑰，俱奇巧絶倫，以置古玉重器，或晋唐小卷，最宜。又有一種差大，式亦古雅，作方勝、纓絡等花者，其輕如紙，亦可置卷軸、香藥、雜玩，齋中宜多蓄以備用。又有一種古斷紋者，上圓下方，乃古人經廂，以置佛座間，亦不俗。

屏

屏風之制最古。以大理石鑲下座精細者爲貴，次則祁陽石，又次則花蘂石。不得舊者，亦須倣舊式爲之。若紙糊及圍屏、木屏，俱不入品。

脚凳

以木製滚凳，長二尺，闊六寸，高如常式，中分一鐺，内□空〔四〕，中車圓木二根，两頭留軸轉動，以脚踹軸，滚動往來，蓋湧泉穴精氣所生，以運動爲妙。竹踏凳方而大者，亦可用。古琴磚有狹小者，夏月用作踏凳，甚涼。

校勘記

〔一〕「一尺」，按，横如長之半，疑當作「三尺」。
〔二〕「几」，美叢本作「曲几」。
〔三〕「最多」，美叢本「多」作「佳」。
〔四〕「内□空」，四庫本「□」作「二」，美叢本作「两二空」。

長物志卷七

器具

古人製器尚用，不惜所費，故制作極備，非若後人苟且，上至鐘、鼎、刀、劍、盤、匜之屬，下至隃糜、側理，皆以精良爲樂，匪徒銘金石、尚款識而已。今人見聞不廣，又習見時世所尚，遂致雅俗莫辨。更有專事絢麗，目不識古，軒窗几案，毫無韻物，而侈言陳設，未之敢輕許也。志器具第七。

香鑪

三代、秦、漢鼎彝，及官、哥、定窑、龍泉、宣窑，皆以備賞鑒，非日用所宜。惟宣銅彝鑪稍大者，最爲適用。宋姜鑄亦可，惟不可用神鑪、太乙，及鎏金白銅、雙魚、象鬲之類。尤忌者雲間、潘銅、胡銅所鑄八吉祥、倭景、百釘諸俗式，及新製建窑、五色花窑等鑪。又古青緑博山，亦可間用。木鼎可置山中，石鼎惟以供佛，餘俱不入品。古人鼎彝，俱有底蓋，今人以木爲之，烏木者最上，紫檀、花梨俱可，忌菱花、葵花諸俗式。鑪頂以宋玉帽頂及角端、海獸諸樣，隨鑪大小配之，瑪瑙、水晶之屬，舊者亦可用。

香合

宋剔合色如珊瑚者爲上。古有一劍環、二花草、三人物之説，又有五色漆胎，刻法深淺，隨妝露色，如紅花緑葉、黄心黑石者次之。有倭盒三子、五子者，有倭撞金銀片者，有果園廠，大小二種，底蓋各置一廠，花色不等，故以一合爲貴。有内府填漆合，俱可用。小者有定窑、饒窑蔗段、串鈴二式，餘不入品。尤忌描金及書金字，徽人剔漆并磁合，即宣成、嘉隆等窑，俱不可用。

隔火

鑪中不可斷火。即不焚香，使其長溫，方有意趣，且灰燥易燃，謂之活火。隔火，砂片第一，定片次之，玉片又次之，金銀不可用。以火浣布如錢大者，銀鑲四圍，供用尤妙。

匙筯

紫銅者佳，雲間胡文明及南都白銅者，亦可用。忌用金銀，及長、大、填花諸式。

筯瓶

官、哥、定窑者雖佳，不宜日用。吴中近製，短頸、細孔者，插筯下重不仆。銅者不入品。

袖罏

熏衣炙手，袖罏最不可少。以倭製漏空罩蓋漆鼓爲上。新製輕重方圓二式，俱俗製也。

手罏

以古銅青緑大盆及簠簋之屬爲之。宣銅獸頭三脚鼓罏亦可用，惟不可用黄白銅，及紫檀、花梨等架脚罏。舊鑄有俯仰蓮坐細錢紋者，有形如匜者，最雅。被罏，有香毬等式，俱俗，竟廢不用。

香筒

舊者有李文甫所製，中雕花鳥、竹石，略以古簡爲貴。若太涉脂粉，或雕鏤故事、人物，便稱俗品，亦不必置懷袖間。

筆格

筆格雖爲古製，然既用研山，如靈璧、英石，峰巒起伏，不露斧鑿者爲之，此式可廢。古玉有山形者，有舊玉子母猫，長六七寸，白玉爲母，餘取玉玷或純黄、純黑玳瑁之類爲子者。古銅有鎏金雙螭挽格，有十二峰爲格，有單螭起伏爲格。窑器有白定三山、五山及臥花哇者，俱藏以供玩，不必置几研間。俗子有以老樹根枝，蟠曲萬狀，或爲龍形，爪牙俱備者，此俱最忌，不可用。

筆牀

筆牀之製，世不多見。有古鎏金者，長六七寸，高寸二分，闊二寸餘。上可臥筆四矢，然形如一架，最不美觀，即舊式，可廢也。

筆屏

鑲以插筆，亦不雅觀，有宋内製方圓玉花版，有大理舊石方不盈尺者。置几案間，亦爲可厭，竟廢此式，可也。

筆筒

湘竹、栟櫚者佳，毛竹以古銅鑲者爲雅，紫檀、烏木、花梨亦間可用，忌八棱菱花式。陶者有古白定竹節者，最貴，然艱得大者。青冬磁細花及宣窑者〔二〕，俱可用。又有鼓樣，中有孔插筆及墨者，雖舊物，亦不雅觀。

筆船

紫檀、烏木，細鑲竹篾者可用，惟不可以牙玉爲之。

筆洗

玉者，有鉢盂洗、長方洗、玉環洗。古銅者，有古鏒金小洗〔二〕，有青緑小盂，有小釜、小巵、匜，此五物，原非筆洗，今用作洗最佳。陶者，有官、哥葵花洗、磬口洗、四卷荷葉洗、卷口蔗段洗。龍泉有雙魚洗、菊花洗、百折洗；定窑有三箍洗、梅花洗、方池洗。宣窑有魚藻洗、葵瓣洗、磬口洗、鼓樣洗，俱可用。忌絛環及青白相間諸式。又有中盞作洗，邊盤作筆覘者，此不可用。

筆覘

定窑、龍泉小淺碟俱佳，水晶、琉璃諸式，俱不雅，有玉碾片葉爲之者，尤俗。

水中丞

銅性猛，貯水久則有毒，易脆筆，故必以陶者爲佳。古銅入土歲久，與窑器同，惟宣銅則斷不可用。玉者，有元口甕，腹大僅如拳，古人不知何用？今以盛水，最佳。古銅者，有小尊罍、小甑之屬，俱可用。陶者，有官、哥甕肚小口鉢、盂諸式。近有陸子岡所製獸面錦地，與古尊罍同者，雖佳器，然不入品。

水注

古銅玉，俱有辟邪、蟾蜍、天雞、天鹿、半身鸕鷀杓、鏒金雁壺諸式，滴子一合者爲佳。有銅鑄眠牛，以牧童騎牛作注管者，最俗。大抵鑄爲人形，即非雅器。又有犀牛、天禄、龜、龍、天馬口啣小盂者，皆古人注油點燈，非水滴也。陶者，有官、哥、白定、方圓立瓜、臥瓜、雙桃、蓮房、蒂、葉、茄、壺諸式。宣窑有五采桃注、石榴、雙瓜、雙鴛諸式，俱不如銅者爲雅。

糊斗

有古銅有蓋小提卣，大如拳，上有提梁索股者；有甕肚如小酒杯式，乘方座者；有三箍長桶，下有三足；姜鑄回文小方斗：俱可用。陶者有定窑蒜蒲長罐，哥窑方斗如斛中置一梁者，然不如銅者便於出洗。

蠟斗

古人以蠟代糊，故緘封必用蠟斗熨之，今雖不用蠟，亦可收以充玩，大者亦可作水杓。

鎮紙

玉者，有古玉兔、玉牛、玉馬、玉鹿、玉羊、玉蟾蜍、蹲虎、辟邪、子母螭諸式，最古雅。銅者，有青緑蝦蟆、蹲虎、蹲螭、眠犬、鎏金辟邪、臥馬、龜、龍，亦可用。其瑪瑙、水晶、官、哥、定窑，俱非雅器。宣銅馬、牛、猫、犬、狻猊之屬，亦有絶佳者。

壓尺

以紫檀、烏木爲之，上用舊玉璏爲紐，俗所稱昭文帶是也。有倭人鏒金雙桃銀葉爲紐〔三〕，雖極工緻，亦非雅物。又有中透一竅〔四〕，内藏刀錐之屬者，尤爲俗製。

秘閣

以長樣古玉璏爲之，最雅。不則倭人所造黑漆秘閣如古玉圭者，質輕如紙，最妙。紫檀雕花，及竹雕花巧人物者，俱不可用。

貝光

古以貝螺爲之，今得水晶、瑪瑙，古玉物中，有可代者，更雅。

裁刀

有古刀筆，青緑裹身，上尖下圓，長僅尺許，古人殺青爲書，故用此物，今僅可供玩，非利用也。日本所製有絶小者〔五〕，鋒甚利，刀靶俱用鸂鶒木，取其不染肥膩，最佳。滇中鋈金銀者，亦可用。溧陽、崑山二種，俱入惡道，而陸小拙爲尤甚矣。

剪刀

有賓鐵剪刀，外面起花鍍金，内嵌回回字者，製作極巧。倭製摺疊者，亦可用。

書燈

有古銅駝燈、羊燈、龜燈、諸葛燈，俱可供玩，而不適用。有青緑銅荷一片，檠架花朵於上，古人取金蓮之意，今用以爲燈，最雅。定窑三臺、宣窑二臺者，俱不堪用。錫者，取舊製古樸矮小者爲佳。

燈

閩中珠燈第一，玳瑁、琥珀、魚魫次之，羊皮燈名手如趙虎所畫者，亦當多蓄。料絲出滇中者最勝，丹陽所製，有横光，不甚雅。至如山東珠、麥、柴、梅、李、花草、百鳥、百獸、夾紗、墨紗等製，俱不入品。燈樣以四方如屏，中穿花鳥，清雅如畫者爲佳，人物、樓閣，僅可於羊皮屏上用之。他如蒸籠圈、水精毬，雙層、三層者，俱惡俗。篾絲者，雖極精工華絢，終爲酸氣。曾見元時布燈，最奇，亦非時尚也。

鏡

秦陀：黑漆古、光背、質厚無文者爲上，水銀古、花背者次之。有如錢小鏡，滿背青緑，嵌金銀五嶽圖者，可供攜具。菱角、八角、有柄方鏡，俗不可用。軒轅鏡，其形如毬，卧榻前懸挂，取以辟邪，然非舊式。

鈎

古銅腰束絛鈎，有金、銀、碧填嵌者，有片金銀者，有用獸爲肚者，皆三代物也。有羊頭鈎、螳螂捕蟬鈎，鏒金者，皆秦漢物也。齋中多設，以備懸壁挂畫，及拂塵、羽扇等用，最雅。自寸以至盈尺，皆可用。

束腰

漢鈎、漢玦僅二寸餘者，用以束腰，甚便，稍大，則僅入玩器，不可日用。縚用沉香、真紫，餘俱非所宜。

禪燈

高麗者佳。有月燈，其光白瑩如初月。有日燈，得火内照，一室皆紅，小者尤可愛。高麗有頫仰蓮、三足銅罏〔六〕，原以置此，今不可得，別作小架架之，不可製如角燈之式。

香櫞盤

有古銅青緑盤，有官、哥、定窑青冬磁〔七〕、龍泉大盤，有宣德暗花白盤、蘇麻尼青盤、朱砂紅盤，以置香櫞，皆可。此種出時，山齋最不可少。然一盤四頭〔八〕，既板且套，或以大盤置二三十，尤俗，不如覓舊硃雕茶橐架一頭，以供清玩。或得舊磁盤長樣者〔九〕，置二頭於几案間，亦可。

如意

古人用以指揮向往，或防不測，故煉鐵爲之，非直美觀而已。得舊鐵如意，上有金銀錯，或隱或見，古色濛然者，最佳。至如天生樹枝、竹鞭等制，皆廢物也。

麈

古人用以清談，今若對客揮麈，便見之欲嘔矣。然齋中懸挂壁上，以備一種。有舊玉柄者，其拂以白尾及青絲爲之，雅。若天生竹鞭、萬歲藤，雖玲瓏透漏，俱不可用。

錢

錢之爲式甚多，詳具《錢譜》。有金嵌青緑刀錢，可爲籤，如《博古圖》等書成大套者用之。鵝眼貨布，可挂杖頭。

瓢

得小匾葫蘆，大不過四五寸，而小者半之。以水磨其中，布擦其外，光彩瑩潔，水濕不變，塵污不染，用以懸挂杖頭，及樹根禪椅之上，俱可。更有二瓢并生者，有可爲冠者，俱雅。其長腰、鷺鶿、曲項，俱不可用。

鉢

取深山巨竹根，車旋爲鉢，上刻銘字或梵書，或《五嶽圖》，填以石青，光潔可愛。

花瓶

古銅入土年久，受土氣深，以之養花，花色鮮明，不特古色可玩而已。銅器可插花者，曰尊，曰罍，曰觚，曰壺，随花大小用之。磁器用官、哥、定窑古膽瓶、一枝瓶、小蓍草瓶、紙槌瓶，餘如闇花、青花、茄袋、葫蘆、細口、匾肚、瘦足、藥罈，及新鑄銅瓶，建窑等瓶，俱不入清供。尤不可用者，鵝頸壁瓶也。古銅漢方瓶，龍泉、均州瓶，有極大高二三尺者，以插古梅，最相稱。瓶中俱用錫作替管盛水，可免破裂之患。大都瓶寧瘦無過壯，寧大無過小，高可一尺五寸，低不過一尺，乃佳。

鐘磬

不可對設，得古銅秦漢鎛鐘〔一〇〕、編鐘，及古靈壁石磬，聲清韻遠者，懸之齋室，擊以清耳。磬有舊玉者，股三寸，長尺餘，僅可供玩。

杖

鳩杖最古，蓋老人多咽，鳩能治咽，故也。有三代立鳩、飛鳩杖頭，周身金銀填嵌者，飾於方竹、笻竹、萬歲藤之上，最古。杖須長七尺餘，摩弄滑澤，乃佳。天台藤更有自然屈曲者，一作龍頭諸式，斷不可用。

坐墩

冬月用蒲草爲之，高一尺二寸，四面編束，細密堅實，內用木車坐板以柱托頂，外用錦飾。暑月可置藤墩。宮中有繡墩，形如小鼓，四角垂流蘇者〔一〕，亦精雅可用。

坐團

蒲團大徑三尺者，席地快甚，棕團亦佳。山中欲遠濕辟蟲，以雄黄熬蠟，作蠟布團，亦雅。

數珠

以金剛子小而花細者爲貴，以宋做玉降魔杵、玉五供養爲記總，他如人頂、龍充、珠玉、瑪瑙、琥珀、金珀、水晶、珊瑚、硨磲者，俱俗，沉香、伽南香者則可。尤忌杭州小菩提子，及灌香於内者。

番經

常見番僧佩經，或皮袋，或漆匣，大方三寸〔一二〕，厚寸許。匣外兩傍有耳繫繩，佩服中有經文，更有貝葉金書〔一三〕，彩畫天魔變相，精巧細密，斷非中華所及。此皆方物，可貯佛室，與數珠同攜。

扇　扇墜

羽扇最古，然得古團扇雕漆柄爲之乃佳，他如竹篋、紙糊、竹根、紫檀柄者，俱俗。

又今之摺疊扇，古稱聚頭扇，乃日本所進，彼國今尚有絶佳者。展之盈尺，合之僅兩指許，所畫多作仕女乘車跨馬、踏青拾翠之狀。又以金銀屑飾地面，及作星漢人物，粗有形似，其所染青緑奇甚，專以空青、海緑爲之，真奇物也。川中蜀府製以進御，有金鉸藤骨，面薄如輕綃者，最爲貴重。内府别有彩畫五毒、百鶴鹿、百福壽等式，差俗，然亦華絢可觀。徽、杭亦有稍輕雅者。姑蘇最重書畫扇，其骨以白竹、棕竹、烏木、紫白檀、湘妃、眉緑等爲之，間有用牙及玳瑁者，有圓頭、直根、縚環、結子、板板花諸式，素白金面，購求名筆圖寫，佳者價絶高。其匠作則有李昭、李贊、馬勳、蔣三、柳玉臺、沈少樓諸人，皆高手也。紙敝墨渝，不堪懷袖，别裝卷册以供玩，相沿既久，習以成風，至稱爲姑蘇人事，然實俗製，不如川扇適用耳。扇墜宜用伽楠[一四]、沉香爲之，或漢玉小玦及琥珀眼掠，皆可，香串、緬茄之屬，斷不可用。

枕

有書枕，用紙三大卷，狀如碗，品字相疊，束縛成枕。有舊窑枕，長二尺五寸，闊六寸者，可用。長一尺者，謂之尸枕，乃古墓中物，不可用也。

簟

茭葦出滿喇伽國，生於海之洲渚岸邊，葉性柔軟，織爲細簟，冬月用之，愈覺温暖。夏則蘄州之竹簟最佳。

琴

琴爲古樂，雖不能操，亦須壁懸一牀。以古琴歷年既久，漆光退盡，紋如梅花，黯如烏木，彈之聲不沉者爲貴。琴軫犀角、象牙者，雅。以蚌珠爲徽，不貴金玉。絃用白色柘絲〔一五〕，古人雖有「朱絃清越」等語，不如素質，有天然之妙。唐有雷文、張越，宋有施木舟，元有朱致遠，國朝有惠祥、高騰、祝海鶴，及樊氏、路氏，皆造琴高手也。挂琴不可近風露日色，琴囊須以舊錦爲之，軫上不可用紅緑流蘇。抱琴勿横。夏月彈琴，但宜早晚，午則汗易汙，且太燥，脆絃。

琴臺

以河南鄭州所造古郭公磚，上有方勝及象眼花者，以作琴臺，取其中空發響，然此實宜置盆景及古石。當更置一小几，長過琴一尺，高二尺八寸，闊容三琴者，爲雅。坐用胡牀，兩手更便運動，須比他坐稍高，則手不費力。更有紫檀爲邊、以錫爲池、水晶爲面者，於臺中置水蓄魚藻，實俗製也。

研

研以端溪爲上，出廣東肇慶府，有新、舊坑，上、下巖之辨，石色深紫，襯手而潤，叩之清遠，有重暈、青緑、小鸜鵒眼者爲貴；　其次色赤，呵之乃潤；　更有紋慢而大者，乃西坑石，不甚貴也。又有天生石子，温潤如玉，磨之無聲，發墨而不壞筆，真希世之珍。有無眼而佳者，若白端、青緑端，非眼不辨。黑端出湖廣辰、沅二州，亦有小眼，但石質粗燥，非端石也。更有一種出婺源歙山龍尾溪，亦有新、舊二坑，南唐時開，至北宋已取盡，故舊硯非宋者，皆此石。石有金銀星，及羅紋、刷絲、眉子，青黑者尤貴。潔溪石出湖廣常德、辰州二界，石色淡青，内深紫，有金線及黄脈，俗所謂紫袍、金帶者〔一六〕。又洮溪研，出陝西臨洮府河中，石緑色，潤如玉。衢研，出衢州開化縣，有極大者，色黑。熟鐵研，出青州。古瓦研，出相州。澄泥研，出虢州。研之樣製不一，宋時進御有玉臺、鳳池、玉環、玉堂諸式，今所稱貢研，世絶重之。以高七寸，闊四寸，下可容一拳者爲貴，不知此特進奉一種，其製最俗。余所見宣和舊研，有絶大者，有小八棱者，皆古雅渾樸，别有圓池、東坡瓢形、斧形、端明諸式，皆可用，葫蘆樣稍俗。至如雕鏤二十八宿、鳥、獸、龜、龍、天馬，及以眼爲七星形，剥落研質，嵌古銅玉器於中，皆入惡道。研須日滌，去其積墨敗水，則墨光瑩澤，惟研池邊斑駁墨跡，久浸不浮者，名曰墨繡，不可磨去。硯用則貯水，畢則乾之。滌硯用蓮房殼，去垢起滯，又不傷研。大忌滚水磨墨，茶、酒俱不可，尤不宜令頑童持洗。研匣宜用紫、黑二漆，不可用五金，蓋金能燥石。至如紫檀、烏木，及雕紅、彩漆，俱俗，不可用。

筆

尖、齊、圓、健，筆之四德。蓋毫堅則尖，毫多則齊，用檾貼襯得法〔一七〕，則毫束而圓，用純毫附以香狸、角水得法，則用久而健，此製筆之訣也。古有金銀管、象管、玳瑁管、玻瓈管、縷金緑沈管，近有紫檀、雕花諸管，俱俗，不可用。惟斑管最雅，不則竟用白竹。尋丈大筆，以木爲管，亦俗。當以筇竹爲之，蓋竹細而節大，易於把握。筆頭式須如尖筍，細腰、葫蘆諸樣，僅可作小書，然亦時製也。畫筆，杭州者佳。古人用筆洗，蓋書後即滌去滯墨，毫堅不脱，可耐久。筆敗則瘞之，故云敗筆成冢，非虚語也。

墨

墨之妙用，質取其輕，煙取其清，嗅之無香，磨之無聲。若晋、唐、宋、元書畫，皆傳數百年，墨色如漆，神氣完好，此佳墨之效也。故用墨必擇精品，且日置几案間，即樣製亦須近雅，如朝官、魁星、寶瓶、墨玦諸式，即佳，亦不可用。宣德墨最精，幾與宣和内府所製同，當蓄以供玩，或以臨摹古書畫，蓋膠色已退盡，惟存墨光耳。唐以奚廷珪爲第一，張遇第二。廷珪至賜國姓，今其墨幾與珍寶同價。

紙

古人殺青爲書，後乃用紙。北紙用横簾造，其紋横，其質鬆而厚，謂之側理；南紙用竪簾，二王真蹟，多是此紙。唐人有硬黄紙，以黄蘗染成，取其辟蠹。蜀妓薛濤爲紙，名十色小箋，又名蜀箋。宋有澄心堂紙，有黄白經箋，可揭開用；有碧雲、春樹、龍鳳、團花、金花等箋；有匹紙長三丈至五丈；有彩色粉箋及藤白、鵠白、蠶繭等紙；元有彩色粉箋、蠟箋、黄箋、花箋、羅紋箋，皆出紹興；有白籙、觀音、清江等紙，皆出江西：山齋俱當多蓄以備用。國朝連七、觀音、奏本、榜紙，俱不佳，惟大内用細密灑金五色粉箋，堅厚如板，面砑光如白玉，有印金花五色箋，有青紙如段素，俱可寶。近吴中灑金紙、松江潭箋，俱不耐久，涇縣連四最佳。高麗别有一種，以綿繭造成，色白如綾，堅韌如帛，用以書寫，發墨可愛，此中國所無，亦奇品也。

劍

今無劍客，故世少名劍，即鑄劍之法亦不傳。古劍銅鐵互用，陶宏景《刀劍録》所載「有屈之如鈎，縱之直如絃，鏗然有聲者」，皆目所未見。近時莫如倭奴所鑄，青光射人。曾見古銅劍，青緑四裹者，蓄之，亦可愛玩。

印章

以青田石瑩潔如玉、照之燦若燈輝者爲雅，然古人實不重此。五金、牙、玉、水晶、木、石皆可爲之，惟陶印則斷不可用，即官、哥、青冬等窑〔一八〕，皆非雅器也。古鎏金、鍍金、細錯金銀、商金、青緑、金玉、瑪瑙等印，篆刻精古，鈕式奇巧者，皆當多蓄，以供賞鑒。印池以官、哥窑方者爲貴，定窑及八角、委角者次之〔一九〕，青花白地、有蓋、長樣俱俗。近做周身連蓋滾螭白玉印池，雖工緻絶倫，然不入品。所見有三代玉方池，内外土銹血侵，不知何用，今以爲印池，甚古，然不宜日用，僅可備文具一種。圖書匣以豆瓣楠、赤水欏爲之，方様套蓋，不則退光素漆者亦可用，他如剔漆、填漆、紫檀鑲嵌古玉，及毛竹、攢竹者，俱不雅觀。

文具

文具雖時尚，然出古名匠手，亦有絶佳者，以豆瓣楠、癭木及赤水欏爲雅，他如紫檀、花梨等木，皆俗。三格一替，替中置小端硯一，筆覘一〔二〇〕，書册一，小硯山一，宣德墨一，倭漆墨匣一。首格置玉秘閣一，古玉或銅鎮紙一，賓鐵古刀大小各一，古玉柄棕帚一，筆船一，高麗筆二枝；次格置古銅水盂一，糊斗、蠟斗各一，古銅水杓一，青緑鎏金小洗一；下格稍高，置小宣銅彝鑪一，宋剔合一，倭漆小撞、白定或五色定小合各一，矮小花尊或小觶一〔二一〕，圖書匣一，中藏古玉印池、古玉印、鎏金印絶佳者數方，倭漆小梳匣一，中置玳瑁小梳，及古玉盤、匜等器〔二二〕，古犀玉小盃二。他如古玩中有精雅者，皆可入之，以供玩賞。

梳具

以癭木爲之，或日本所製。其纏絲、竹絲、螺鈿、雕漆、紫檀等，俱不可用。中置玳瑁梳、玉剔帚、玉缸、玉合之類，即非秦漢間物，亦以稍舊者爲佳。若使新俗諸式闌入，便非韻士所宜用矣。

海論銅玉雕刻窑器〔二三〕

三代秦漢人製玉，古雅不凡，即如子母螭、臥蠶紋、雙鈎碾法，宛轉流動，細入毫髮，涉世既久，土銹血侵最多，惟翡翠色、水銀色〔二四〕，爲銅侵者，特一二見耳。玉以紅如雞冠者爲最；黄如蒸栗、白如截肪者，次之；黑如點漆、青如新柳、緑如鋪絨者，又次之。今所尚翠色，通明如水晶者，古人號爲碧，非玉也。玉器中，圭、璧最貴；鼎、彝、觚、尊、杯、注、環、玦次之；鈎束、鎮紙、玉璏、充耳、剛卯、瑱珈〔二五〕、琫、印章之類，又次之；琴劍觿佩、扇墜，又次之。銅器鼎、彝、觚、尊、敦、鬲最貴，匜、卣、罍、觶次之；　簠簋、鍾注、歃血盆、奩花囊之屬，又次之。三代之辨，商則質素無文，周則雕篆細密，夏則嵌金銀，細巧如髮。款識少者一二字，多則二三十字，其或二三百字者，定周末先秦時器。篆文：夏用鳥跡，商用蟲魚，周用大篆，秦以大小篆，漢以小篆。三代用陰款，秦、漢用陽款，間有凹入者，或用刀刻如鐫碑，亦有無款者，蓋民間之器，無功可紀，不可遽謂非古也。有謂銅器入土久，土氣濕蒸，鬱而成青，入水久，水氣滷浸，潤而成緑，此亦不盡然，第銅性清瑩不雜，易發青緑耳。銅色：褐色不如硃砂，硃砂不如緑，緑不如青，青不如水銀，水銀不如黑漆，黑漆最易僞造，余謂必以青緑爲上。僞造有冷冲者，有屑凑者，有燒斑者，皆易辨也。窑器：柴窑最貴，世不一見〔二六〕，聞其製青如天，明如鏡，薄如紙，聲如磬，未知然否？官、哥、汝窑，以粉青色爲上，淡白次之，油灰最下。紋取冰裂、鱔血、鐵足爲上，梅花片、墨紋次之，細碎紋最下。官窑隱紋如蟹爪，哥窑隱紋如魚子，定窑以白色而加以泑水如淚痕者佳，紫色、黑色俱不貴。均州窑色如胭脂者爲上，青若葱翠、紫若墨色者次之，雜色者不貴。龍泉窑甚厚，不易茅蔑，第工匠稍拙，不甚古雅。宣窑冰裂、鱔血紋者，與官、哥同，隱紋如橘皮、紅花、青花者，俱鮮彩奪目，堆垛可愛。又有元燒樞府字號，亦有可取。至於永樂細款青花杯，成化五彩葡萄杯，及純白薄如玻璃者〔二七〕，今皆極貴，實不甚雅。雕刻精妙者，以宋爲貴，俗子輒論金銀胎，最爲可笑。蓋其妙處在刀法圓熟，藏鋒不露，用朱極鮮，漆堅厚而無敲裂，所刻山水、樓閣、人物、鳥獸，皆儼若圖畫，爲佳絶耳。元時張成、楊茂二家，亦以此技擅名一時。國朝果園廠所製，刀法視宋尚隔一籌，然亦精細。至於雕刻器皿，宋以詹成爲首，國朝則夏白眼擅名，宣廟絶賞之。吴中如賀四、李文甫、陸子岡，皆後來繼出高手，第所刻必以白玉、琥珀、水晶、瑪瑙等爲佳器，若一涉竹木，便非所貴。至於雕刻果核，雖極人工之巧，終是惡道。

校勘記

〔一〕「青冬磁細花及宣窑者」，四庫本、美叢本「青冬」均作「冬青」。

〔二〕「鋈金」，美叢本「鋈」作「鑲」。

〔三〕「爲紐」，美叢本「紐」作「鈕」。
〔四〕「一竅」，美叢本「一」作「出」。
〔五〕「日本所製」，四庫本「所製」作「番夷」，美叢本作「番人」。
〔六〕「三足」，美叢本「足」作「尺」。
〔七〕「青冬磁」，四庫本、美叢本「青冬」均作「冬青」。
〔八〕「一盤」，叢集本、四庫本、説庫本「盤」均作「盆」，據美叢本改。
〔九〕「磁盤」，叢集本、四庫本、説庫本「盤」均作「盆」，據美叢本改。
〔一〇〕「鏄鐘」，叢集本、四庫本、説庫本「鏄」均作「鏄」。據美叢本改。
〔一一〕「垂流蘇者」，叢集本「垂流蘇」作「流垂蘇」，據四庫本、説庫本、美叢本改。
〔一二〕「大方三寸」，美叢本「寸」作「尺」。
〔一三〕「金書」，説庫本「金」作「經」。
〔一四〕「扇墜宜用伽楠」，四庫本、美叢本「宜」均作「夏月」。
〔一五〕「絃用白色柘絲」，美叢本「絃」作「蘇」。
〔一六〕「俗所謂」，叢集本、説庫本「俗」均作「經」，據四庫本、美叢本改。

〔一七〕「用簶貼襯得法」，美叢本「簶」作「橥」。

〔一八〕「青冬」，四庫本、美叢本「青冬」均作「冬青」。

〔一九〕「委角」，美叢本「委」作「倭」。

〔二〇〕「筆覘一」，叢集本「覘」作「硯」，據四庫本、說庫本、美叢本改。

〔二一〕「小觶一」，叢集本、說庫本「觶」均作「注」，據四庫本、美叢本改。

〔二二〕「及古玉盤」，叢集本「盤」作「□」，據四庫本、說庫本、美叢本改。

〔二三〕「海論銅玉雕刻窑器」，美叢本「海」作「總」。

〔二四〕「水銀色」，說庫本「銀」作「晶」。

〔二五〕「瑱珈」，叢集本、說庫本「瑱」均作「鎖」，四庫本、美叢本均作「瑣」。

〔二六〕「世不一見」，說庫本「一」作「多」。

〔二七〕「玻璃」，叢集本、四庫本、說庫本「玻」均作「琉」，據美叢本改。

長物志卷八

衣飾

衣冠制度，必與時宜，吾儕既不能披鶉帶索，又不當綴玉垂珠，要須夏葛冬裘，被服嫻雅。居城市有儒者之風，入山林有隱逸之象，若徒染五采，飾文繢，與銅山金穴之子，侈靡鬥麗，亦豈詩人粲粲衣服之旨乎？至於蟬冠朱衣、方心曲領、玉珮朱履之爲漢服也，幞頭大袍之爲隋服也，紗帽圓領之爲唐服也，簷帽襴衫、申衣幅巾之爲宋服也，巾環襈領、帽子繫腰之爲勝朝服也，方巾團領之爲國朝服也，皆歷代之制，非所敢輕議也。志衣飾第八。

道服

製如申衣，以白布爲之，四邊延以緇色布，或用茶褐爲袍，緣以皂布。有月衣，鋪地如月，披之則如鶴氅。二者用以坐禪策蹇，披雪避寒，俱不可少。

禪衣

以灑海剌爲之，俗名瑣哈剌，蓋番語，不易辨也。其形似胡羊毛片，縷縷下垂，緊厚如氈，其用耐久，來自西域，聞彼中亦甚貴。

被

以五色氆氌爲之，亦出西番，闊僅尺許，與瑣哈剌相類，但不緊厚。次用山東繭紬，最耐久，其落花流水、紫、白等錦，皆以美觀，不甚雅。以真紫花布爲大被，嚴寒用之。有畫百蝶於上，稱爲蝶夢者，亦俗。古人用蘆花爲被，今却無此製。

褥

京師有摺疊臥褥，形如圍屏，展之盈丈，收之僅二尺許，厚三四寸。以錦爲之，中實以燈心，最雅。其椅榻等褥，皆用古錦爲之。錦既敝，可以裝潢卷册。

絨單

出陝西、甘肅。紅者色如珊瑚，然非幽齋所宜，本色者最雅，冬月可以代席。狐腋、貂褥不易得，此亦可當温柔鄉矣。氈者不堪用，青氈用以襯書大字。

帳

冬月以藕紬或紫花厚布爲之，紙帳與紬絹等帳俱俗，錦帳、帕帳俱閨閣中物，夏月以蕉布爲之，然不易得。吴中青撬紗及花手巾製帳，亦可。有以畫絹爲之，有寫山水、墨梅於上者，此皆欲雅反俗。更有作大帳，號爲漫天帳，夏月坐臥其中，置几榻櫥架等物，雖適意，亦不古。寒月小齋中，製布帳於窗檻之上[一]，青、紫二色可用。

冠

鐵冠最古，犀玉、琥珀次之，沉香、葫蘆者又次之，竹籜、癭木者最下。製惟偃月、高士二式，餘非所宜。

巾

唐巾去漢式不遠，今所尚披雲巾最俗，或自以意爲之。幅巾最古，然不便於用。

笠

細藤者佳，方廣二尺四寸，以皂絹綴簷，山行以遮風日。又有葉笠、羽笠，此皆方物，非可常用。

履

冬月秧履最適，且可暖足。夏月棕鞋惟温州者佳，若方舄等樣製作不俗者，皆可爲濟勝之具。

校勘記

〔一〕「製布帳」，說庫本「製」作「置」，美叢本作「致」。

長物志卷九

舟車

舟之習於水也，宏舸連軸[一]，巨艦[二]接艫，既非素士所能辦。蜻蛉蚱蜢，不堪起居。要使軒窗闌檻，儼若精舍，室陳厦饗，靡不咸宜：用之祖遠餞近，以暢離情；用之登山臨水，以宣幽思；用之訪雪載月，以寫高韻。或芳辰綴賞，或艷[三]女採蓮，或子夜清聲，或中流歌舞，皆人生適意之一端也。至如濟勝之具，籃輿最便，但使製度新雅，便堪登高涉遠，寧必飾以珠玉，錯以金貝，被以繢罽，藉以簟茀，縷[四]以鈎膺，文以輪轅，絢[五]以䩦革，和以鳴鸞，乃稱周行魯道哉？志舟車第九。

巾車

今之肩輿，即古之巾車也。第古用牛馬，今用人車，實非雅士所宜。出閩、廣者精麗，且輕便。楚中有以藤爲扛者，亦佳。近金陵所製纏藤者，頗俗。

籃轝

山行無濟勝之具，則籃轝似不可少。武林所製，有坐身踏足處，俱以繩絡者，上下峻坂皆平，最爲適意，惟不能避風雨。有上置一架，可張小幔者，亦不雅觀。

舟

形如劖船〔六〕，底惟平，長可三丈有餘，頭闊五尺，分爲四倉。中倉可容賓主六人，置桌凳、筆牀、酒鎗、鼎彝、盆玩之屬，以輕小爲貴。前倉可容僮僕四人，置壺榼、茗罏、茶具之屬。後倉隔之以板，傍容小弄，以便出入，中置一榻、一小几，小廚上以板承之，可置書卷、筆硯之屬，榻下可置衣廂、虎子之屬。幔以板，不以蓬簟，兩傍不用欄楯，以布絹作帳，用蔽東西日色，無日則高捲，捲以帶，不以鈎。他如樓船、方舟諸式，皆俗。

小船

長丈餘，闊三尺許。置於池塘中，或時鼓枻中流，或時繫於柳陰曲岸，執竿把釣，弄月吟風。以藍布作一長幔，兩邊走簷，前以二竹爲柱，後縛船尾釘兩圈處，一童子刺之。

校勘記

〔一〕「軸」，諸本俱同。似應作「舳」。

〔二〕「艦」，底本作「檻」，據説庫本改。

〔三〕「艶」，美叢本作「静」。

〔四〕「縷」，四庫本作「鏤」。

〔五〕「約」，四庫本「靮」，説庫本作「鈎」，美叢本作「約」。

〔六〕「剗」，美叢本作「划」。

長物志卷十

位置

位置之法，煩簡不同，寒暑各異。高堂廣榭，曲房奥室，各有所宜，即如圖書、鼎彝之屬，亦須安設得所，方如圖畫。雲林清秘，高梧古石中，僅一几一榻，令人想見其風致，真令神骨俱冷。故韻士所居，入門便有一種高雅絶俗之趣。若使前堂養雞牧豕，而後庭侈言澆花洗石，政不如凝塵滿案，環堵四壁，猶有一種蕭寂氣味耳。志位置第十。

坐几

天然几一，設於室中左偏東向，不可迫近窗檻，以逼風日。几上置舊研一、筆筒一、筆覘一、水中丞一、研山一。古人置研，俱在左，以墨光不閃眼，且於燈下更宜。

書册、鎮紙各一，時時拂拭，使其光可鑒，乃佳。

坐具

湘竹榻及禪椅皆可坐，冬月以古錦製褥，或設皋比，俱可。

椅榻屏架

齋中僅可置四椅一榻，他如古須彌座、短榻、矮几、壁几之類，不妨多設。忌靠壁平設數椅。屏風僅可置一面。書架及櫥，俱列以置圖史，然亦不宜太雜，如書肆中。

懸畫

懸畫宜高，齋中僅可置一軸於上，若懸兩壁及左右對列，最俗。長畫可挂高壁，不可用挨畫竹曲挂畫。桌可置奇石，或時花盆景之屬，忌置朱紅漆等架。堂中宜挂大幅横披，齋中宜小景花鳥，若單條、扇面、斗方、挂屏之類，俱不雅觀。畫不對景，其言亦謬。

置罏

於日坐几上，置倭臺几方大者一，上置罏一。香盒大者一，置生熟香，小者二，置沉香、香餅之類，筯瓶一。齋中不可用二罏，不可置於挨畫桌上，及瓶盒對列。夏月宜用磁罏，冬月用銅罏。

置瓶

隨瓶製置大小倭几之上，春冬用銅〔一〕，秋夏用磁〔二〕。堂屋宜大，書室宜小，貴銅瓦，賤金銀，忌有環，忌成對。花宜瘦巧，不宜煩雜，若插一枝，須擇枝柯奇古，二枝須高下合插，亦止可一二種，過多便如酒肆，惟秋花插小瓶中不論。供花不可閉窗户焚香，煙觸即萎，水仙尤甚，亦不可供於畫桌上。

小室

几榻俱不宜多置，但取古製狹邊書几一，置於中，上設筆硯、香合、薰鑪之屬，俱小而雅。别設石小几一，以置茗甌茶具，小榻一，以供偃臥趺坐，不必挂畫。或置古奇石，或以小佛橱供鎏金小佛於上，亦可。

臥室

地屏、天花板雖俗，然臥室取乾燥，用之亦可，第不可彩畫及油漆耳。面南設臥榻一，榻後别留半室，人所不至，以置薰籠、衣架、盥匜、廂奩、書燈之屬。榻前僅置一小几，不設一物，小方杌二，小橱一，以置香藥、玩器。室中精潔雅素，一涉絢麗，便如閨閣中，非幽人眠雲夢月所宜矣。更須穴壁一，貼爲壁牀，以供連牀夜話，下用抽替以置履襪。庭中亦不須多植花木，第取異種宜秘惜者，置一株於中，更以靈璧、英石伴之。

亭榭

亭榭不蔽風雨，故不可用佳器，俗者又不可耐，須得舊漆方面粗足、古樸自然者置之。露坐，宜湖石平矮者，散置四傍，其石墩、瓦墩之屬，俱置不用，尤不可用朱架架官磚於上。

敞室

長夏宜敞室，盡去窗檻，前梧後竹，不見日色。列木几極長大者於正中，兩傍置長榻無屏者各一。不必挂畫，蓋佳畫夏日易燥，且後壁洞開，亦無處宜懸挂也。北窗設湘竹榻，置簟於上，可以高臥。几上大硯一，青緑水盆一，尊彝之屬，俱取大者；置建蘭一二盆於几案之側〔三〕，奇峰古樹，清泉白石，不妨多列。湘簾四垂，望之如入清涼界中。

佛室

内供烏絲藏佛一尊，以金鏒甚厚、慈容端整、妙相具足者爲上，或宋元脱紗大士像，俱可。用古漆佛櫥。若香像、唐像及三尊并列，接引諸天等像，號曰一堂，并朱紅小木等櫥，皆僧寮所供，非居士所宜也。長松石洞之下，得古石像最佳〔四〕。案頭以舊磁淨瓶獻花，淨碗酌水，石鼎爇印香，夜燃石燈，其鐘、磬、幡、幢、几、榻之類，次第鋪設，俱戒纖巧。鐘、磬尤不可并列。用古倭漆經廂，以盛梵典。庭中列施食臺一，幡竿一，下用古石蓮座石幢一，幢下植雜草花數種。石須古製，不則亦以水蝕之。

校勘記

〔一〕「春冬用銅」，美叢本「冬」作「夏」。

〔二〕「秋夏用磁」，美叢本「夏」作「冬」。

〔三〕「於几案之側」，説庫本「側」作「間」。

〔四〕「古石」，説庫本「石」作「玉」。

長物志卷十一

蔬果

田文坐客，上客食肉，中客食魚，下客食菜，此便開千古勢利之祖。吾曹談芝討桂，既不能餌菊朮、啖花草，乃層酒累肉，以供口食，真可謂穢吾素業。古人蘋、蘩可薦，蔬、筍可羞，顧山肴野蔌，須多預蓄，以供長日清談，閒宵小飲。又如酒鎗皿合，皆須古雅精潔，不可毫涉市販屠沽氣。又當多藏名酒，及山珍海錯，如鹿脯、荔枝之屬，庶令可口悦目，不特動指流涎而已。志蔬果第十一。

櫻桃

櫻桃古名楔桃，一名朱桃，一名英桃，又爲鳥所含，故禮稱含桃。盛以白盤，色味俱絶。南都曲中有英桃脯，中置玫瑰瓣一味，亦甚佳，價甚貴。

桃李梅杏

桃易生，故諺云：「白頭種桃」。其種有扁桃、墨桃、金桃、鷹嘴、脱核蟠桃。以蜜煮之，味極美。李品在桃下，有粉青、黄姑二種，别有一種曰嘉慶子，味微酸。北人不辨梅、杏，熟時乃别。梅接杏而生者，曰杏梅。又有消梅，入口即化，脆美異常，雖果中凡品，然却睡止渴，亦自有致。

橘橙

橘爲木奴，既可供食，又可獲利。有緑橘、金橘、蜜橘、扁橘數種，皆出自洞庭。别有一種小於閩中，而色味俱相似，名漆堞紅者，更佳。出衢州者，皮薄亦美，然不多得。山中人更以落地未成實者，製爲橘藥，醎者較勝〔一〕。黄橙堪調膾，古人所謂金虀。若法製丁片，皆稱俗味。

柑

柑出洞庭者，味極甘。出新莊者，無汁，以刀剖而食之。更有一種粗皮，名蜜羅柑，亦美。小者曰金柑，圓者曰金豆。

香橼

大如杯盂，香氣馥烈，吴人最尚。以磁盆盛供，取其瓤，拌以白糖，亦可作湯，除酒渴。又有一種皮稍粗厚者，香更勝。

枇杷

枇杷，獨核者佳，株葉皆可愛，一名款冬花。薦之果奩，色如黄金，味絶美。

楊梅

吴中佳果，與荔枝并擅高名，各不相下。出光福山中者，最美。彼中人以漆盤盛之，色與漆等，一斤僅二十枚，真奇味也。生當暑中，不堪涉遠，吳中好事家或以輕橈郵置，或買舟就食。出他山者味酸，色亦不紫。有以燒酒浸者，色不變，而味淡。蜜漬者，色味俱惡。

葡萄

有紫、白二種，白者曰水晶萄，味差亞於紫。

荔枝

荔枝雖非吳地所種，然果中名裔，人所共愛，「紅塵一騎」，不可謂非解事人。彼中有蜜漬者，色亦白，第殼已殷，所謂「紅繻白玉膚」，亦在流想間而已。龍眼稱荔枝奴，香味不及，種類頗少，價乃更貴。

棗

棗類極多，小核色赤者，味極美。棗脯出金陵，南棗出浙中者，俱貴甚。

生梨

梨有二種。花瓣圓而舒者，其果甘，缺而皺者，其果酸，亦易辨。出山東，有大如瓜者，味絶脆，入口即化，能消痰疾。

栗

杜甫寓蜀，採栗自給，山家禦窮，莫此爲愈。出吴中諸山者絶小，風乾，味更美。出吴興者，從溪水中出，易壞，煨熟乃佳。以橄欖同食，名爲梅花脯，謂其口作梅花香，然實不盡然也。

銀杏

葉如鴨脚，故名鴨脚子。雄者三棱，雌者二棱，園圃間植之，雖所出不足充用，然新緑時，葉最可愛。吴中諸刹，多有合抱者，扶疎喬挺，最稱佳樹。

柿

柿有七絶：一壽，二多陰，三無鳥巢，四無蟲，五霜葉可愛，六嘉實，七落葉肥大。別有一種名燈柿〔三〕，小而無核，味更美。或謂柿接三次，則全無核，未知果否。

菱

兩角爲菱，四角爲芰，吴中湖泖及人家池沼皆種之。有青、紅二種：紅者最早，名水紅菱；稍遲而大者，曰雁來紅；青者曰鸞哥青；青而大者，曰餛飩菱，味最勝；最小者，曰野菱。又有白沙角，皆秋來美味，堪與扁豆并薦。

芡

芡花晝合宵展，至秋作房如雞頭，實藏其中，故俗名雞豆。有秔、穤二種。有大如小龍眼者，味最佳，食之益人。若剥肉和糖，擣爲糕糜，真味盡失。

花紅

西北稱柰，家以爲脯，即今之蘋婆果是也。生者較勝，不特味美，亦有清香。吳中稱花紅，即名林檎，又名來禽，似柰而小，花亦可觀。

石榴

石榴，花勝於果，有大紅、桃紅、淡白三種。千葉者名餅子榴，酷烈如火，無實，宜植庭際〔三〕。

西瓜

西瓜味甘，古人與沉李并埒，不僅蔬屬而已。長夏消渴吻，最不可少，且能解暑毒。

五加皮

久服，輕身明目，吴人於早春採取其芽，焙乾點茶，清香特甚，味亦絶美，亦可作酒，服之延年。

白扁豆

純白者味美，補脾入藥，秋深籬落，當多種以供採食，乾者亦須收數斛，以足一歲之需。

菌

雨後彌山遍野，春時尤盛，然蟄後蟲蛇始出，有毒者最多，山中人自能辨之。秋菌味稍薄，以火焙乾，可點茶，價亦貴。

瓠

瓠類不一，詩人所取，抱甕之餘，採之烹之，亦山家一種佳味，第不可與肉食者道耳。

茄子

茄子一名落酥，又名崑崙紫瓜。種莧其傍，同澆灌之，茄、莧俱茂，新採者味絶美。蔡遵爲吳興守，齋前種白莧、紫茄，以爲常饍。五馬貴人，猶能如此，吾輩安可無此一種味也？

芋

古人以蹲鴟起家，又云「園收芋栗未全貧」，則禦窮一策，芋爲稱首，所謂「煨得芋頭熟，天子不如吾」，直以爲南面之樂，其言誠過，然寒夜擁鑪，此實真味。別名土芝，信不虚矣。

茭白

古稱雕胡，性尤宜水，逐年移之，則心不黑，池塘中亦宜多植，以佐灌園所缺。

山藥

本名薯蕷。出婁東岳王市者，大如臂，真不減天公掌，定當取作常供。夏取其子，不堪食。至如香芋、烏芋、鳧茨之屬，皆非佳品。烏芋即茨菇，鳧茨即地栗。

蘿蔔　蔓菁

蘿蔔一名土酥，蔓菁一名六利，皆佳味也。他如烏、白二菘，蓴、芹、薇、蕨之屬，皆當命園丁多種，以供伊蒲，第不可以此市利，爲賣菜傭耳。

校勘記

〔一〕「醎者較勝」，美叢本「醎」作「酸」。
〔二〕「燈柿」，美叢本「燈」作「橙」。
〔三〕「庭際」，説庫本「際」作「除」。

長物志卷十二

香茗

香、茗之用，其利最溥。物外高隱，坐語道德，可以清心悅神。初陽薄暝，興味蕭騷，可以暢懷舒嘯。晴窗搨帖，揮麈閒吟，篝燈夜讀，可以遠辟睡魔。青衣紅袖，密語談私，可以助情熱意。坐雨閉窗，飯餘散步，可以遣寂除煩。醉筵醒客，夜語蓬窗，長嘯空樓，冰絃戛指，可以佐歡解渴。品之最優者，以沉香、岕茶爲首，第焚煮有法，必貞夫韻士，乃能究心耳。志香茗第十二。

伽南

一名奇藍，又名琪璃，有糖結、金絲二種。糖結面黑若漆，堅若玉，鋸開，上有油若糖者，最貴。金絲色黄，上有線若金者，次之。此香不可焚，焚之微有羶氣。大者有重十五六斤，以雕盤承之，滿室皆香，真爲奇物。小者以製扇墜、數珠，夏月佩之，可以辟穢。居常以錫合盛蜜養之。合分二格，下格置蜜，上格穿數孔，如龍眼大，置香使蜜氣上通，則經久不枯。沉水等香亦然。

龍涎香

蘇門答剌國有龍涎嶼，羣龍交卧其上，遺沫入水，取以爲香。浮水爲上，滲沙者次之。魚食腹中，刺出如斗者，又次之，彼國亦甚珍貴。

沉香

質重，劈開如墨色者佳，沉取沉水，然好速亦能沉。以隔火炙過，取焦者別置一器，焚以熏衣被。曾見世廟有水磨雕刻龍鳳者，大二寸許，蓋醮壇中物，此僅可供玩。

片速香

鯽魚片，雉雞斑者佳，以重實爲美，價不甚高。有僞爲者，當辨。

唵叭香

香膩甚，着衣袂，可經日不散。然不宜獨用，當同沉水共焚之。一名黑香，以軟淨色明、手指可撚爲丸者爲妙。都中有唵叭餅，别以他香和之，不甚佳。

角香

俗名牙香，以面有黑爛色、黄紋直透者爲黄熟，純白不烘焙者爲生香，此皆常用之物，當覓佳者。但既不用隔火，亦須輕置鑪中，庶香氣微出，不作煙火氣。

甜香

宣德年製，清遠味幽可愛，黑鐔如漆，白底上有燒造年月。有錫罩蓋罐子者，絶佳。「芙蓉」、「梅花」，皆其遺製，近京師製者亦佳。

黃黑香餅

恭順侯家所造。大如錢者，妙甚。香肆所製小者，及印各色花巧者，皆可用。然非幽齋所宜，宜以置閨閣。

安息香

都中有數種，總名安息。月麟、聚仙、沉速爲上。沉速有雙料者，極佳。内府别有龍挂香，倒挂焚之，其架甚可玩。若蘭香、萬春、百花等，皆不堪用。

暖閣　芸香

暖閣有黃、黑二種。芸香，短束出周府者佳，然僅以備種類，不堪用也。

蒼术

歲時及梅雨鬱蒸，當間一焚之，出句容茅山，細梗更佳[一]，真者亦艱得。

品茶

古今論茶事者，無慮數十家，若鴻漸之經，君謨之録，可謂盡善。然其時法用熟碾爲丸、爲挺，故所稱有龍鳳團、小龍團、密雲龍、瑞雲翔龍。至宣和間，始以茶色白者爲貴。漕臣鄭可聞[二]，始創爲銀絲冰芽，以茶剔葉取心，清泉漬之，去龍腦諸香，惟新胯小龍蜿蜒其上，稱龍團勝雪，當時以爲不更之法。而吾朝所尚又不同，其烹試之法，亦與前人異，然簡便異常，天趣悉備，可謂盡茶之真味矣。至於洗茶、候湯、擇器，皆各有法，寧特侈言烏府、雲屯、苦節、建城等目而已哉。

虎丘　天池

虎丘最號精絶〔三〕，爲天下冠，惜不多産，又爲官司所據，寂寞山家，得一壺兩壺，便爲奇品，然其味實亚於岕。天池，出龍池一帶者佳，出南山一帶者最早，微帶草氣。

岕

浙之長興者佳，價亦甚高，今所最重，荆溪稍下。採茶不必太細，細則芽初萌，而味欠足。不必太青，青則茶已老，而味欠嫩。惟成梗蒂，葉緑色而團厚者爲上。不宜以日曬，炭火焙過，扇冷，以箬葉襯罌貯高處。蓋茶最喜温燥，而忌冷濕也。

六合

宜入藥品，但不善炒，不能發香而味苦，茶之本性實佳。

松蘿

十數畝外，皆非真松蘿茶，山中亦僅有一二家炒法甚精。近有山僧手焙者，更妙。真者在洞山之下，天池之上，新安人最重之，兩都、曲中亦尚此，以易於烹煮，且香烈故耳。

龍井　天目

山中早寒，冬來多雪，故茶之萌芽較晚，採焙得法，亦可與天池并。

洗茶

先以滚湯候少温洗茶，去其塵垢，以定碗盛之，俟冷點茶，則香氣自發。

候湯

緩火炙，活火煎。活火，謂炭火之有焰者，始如魚目爲一沸，緣邊泉湧爲二沸，奔濤濺沫爲三沸。若薪火方交，水釜纔熾，急取旋傾，水氣未消，謂之嫩；若水踰十沸，湯已失性，謂之老，皆不能發茶香。

滌器

茶瓶、茶盞不潔，皆損茶味，須先時洗滌，淨布拭之，以備用。

茶洗

以砂爲之，製如碗式，上下二層。上層底穿數孔，用洗茶，沙垢悉從孔中流出，最便。

茶鑪　湯瓶

茶鑪〔四〕，有姜鑄銅饕餮獸面火鑪，及純素者，有銅鑄如鼎彝者，皆可用。湯瓶，鉛者爲上，錫者次之，銅者亦可用〔五〕。形如竹筒者，既不漏火，又易點注。磁瓶雖不奪湯氣，然不適用，亦不雅觀。

茶壺　茶盞

壺以砂者爲上，蓋既不奪香，又無熟湯氣。「供春」最貴，第形不雅，亦無差小者，時大彬所製〔六〕，又太小。若得受水半升，而形製古潔者，取以注茶，更爲適用。其「提梁」、「卧瓜」、「雙桃」、「扇面」、「八棱細花」、「夾錫茶替」、「青花白地」諸俗式者，俱不可用。錫壺有趙良璧者，亦佳，然宜冬月間用。近時吴中「歸錫」、嘉禾「黄錫」，價皆最高，然製小而俗。金、銀俱不入品。宣廟有尖足茶盞，料精式雅，質厚難冷，潔白如玉，可試茶色，盞中第一。世廟有壇盞，中有茶湯果酒，後有「金籙大醮壇用」等字者，亦佳。他如白定等窑，藏爲玩器，不宜日用。蓋點茶須熁盞令熱，則茶面聚乳，舊窑器熁熱則易損，不可不知。又有一種名崔公窑，差大，可置果實，果亦僅可用榛、松、新筍、雞豆、蓮實，不奪香味者，他如柑、橙、茉莉、木樨之類，斷不可用。

擇炭

湯最惡煙，非炭不可。落葉、竹篠、樹梢、松子之類，雖爲雅談，實不可用。又如暴炭、膏薪，濃煙蔽室，更爲茶魔。炭以長興茶山出者，名金炭，大小最適用，以麩火引之，可稱湯友。

校勘記

〔一〕「細梗更佳」，四庫本、美叢本「更」均作「者」。
〔二〕「鄭可聋」，四庫本「聋」作「聞」。
〔三〕「虎丘」，各本均脱，據文意補。
〔四〕「茶鑪」，各本均脱，據文意補。
〔五〕「銅者亦可用」，叢集本、四庫本、説庫本「亦」均作「不」，據美叢本改。
〔六〕「時大彬所製」，四庫本、美叢本「彬」均作「賓」。

跋

右《長物志》十二卷，明文震亨撰。震亨字啟美，長洲人，徵明之曾孫，崇禎中官武英殿中書舍人，以善琴供奉。明亡，殉節死。徐埜公《明畫録》稱其畫宗宋、元諸家，格韻兼勝。考《明詩綜》，録啟美詩二首，并述王覺斯語，言湛持憂讒畏譏，而啟美浮沉金馬，吟詠徜徉，世無嫉者，由其處世固有道焉。湛持即啟美之兄，長洲相國也，顧絶不言其殉節事，豈竹垞尚傳聞未審歟？有明中葉，天下承平，士大夫以儒雅相尚，若評書品畫，瀹茗焚香，彈琴選石等事，無一不精。而當時騷人墨客，亦皆工鑒別，善品題，玉敦珠盤，輝映壇坫，若啟美此書，亦庶幾卓卓可傳者。蓋貴介風流，雅人深致，均於此見之。曾幾何時，而國變滄桑，向所謂「玉躞金題」、「奇花異卉」者，僅足供楚人一炬。嗚呼！運無平而不陂，物無聚而不散。余校此書，正如孟嘗君聞雍門子琴，淚涔涔霑襟，而不能自止也。同治甲戌小寒前一日，南海伍紹棠謹跋。

附　録

一、書目提要

《长物志》十二卷，浙江鲍士恭家藏本。明文震亨撰。震亨，字啟美，長洲人。徵明之曾孫。崇禎中官武英殿中書舍人，以善琴供奉，明亡殉節死。是編分室廬、花木、水石、禽魚、書畫、几榻、器具、位置、衣飾、舟車、蔬果、香茗十二類。其曰長物，蓋取《世説》中王恭語也。凡閒適玩好之事，纖悉畢具，大致遠以趙希鵠《洞天清録》爲淵源，近以屠隆《考槃餘事》爲參佐。明季山人墨客，多以是相誇，所謂清供者是也。然矯言雅尚，反增俗態者有焉。惟震亨世以書畫擅名，耳濡目染，與衆本殊，故所言收藏賞鑒諸法，亦具有條理。所謂王謝家兒，雖復不端正者，亦奕奕有一種風氣歟。且震亨捐生殉國，節概炳然，其所手編，當以人重，尤不可使之泯没。故特録存之，備雜家之一種焉。

（《四庫全書總目提要》卷一百二十三子部雜家類四）

二、生平資料

弘光元年五月，南都既陷，六月，略地至蘇州，武英殿中書舍人致仕文公，辟地陽澄湖濱，嘔血數日卒。幼子果既長，謀葬公於東郊之新阡，屬公之彌甥顧苓，具狀以請銘於當世大人先生。公諱震亨，字啟美，七世祖定聰，於武昌侍高皇帝爲散騎舍人，贅浙江生惠。惠自浙江來，占籍長洲，生成化乙酉舉人、淶水教諭洪。洪生成化壬辰進士、温州知府林。林生翰林院待詔徵明，世所稱衡山先生者也。徵明生國子監博士彭。彭生衛輝府同知元發。元發生禮部尚書、東閣大學士、文肅公震孟及公。公生於萬曆乙酉，少而穎異，生長名門，翰墨風流，奔走天下。辛酉以諸生卒業南雍，流寓白下。明年文肅公廷對第一，遂慨然稱王無功語云：「人間名教，有兄尸之矣。」天啟甲子，試秋闈不利，即棄科舉，清言作達，選聲伎、調絲竹，日游佳山水間。尋值逆閹擅政，捕天下賢士大夫殺之獄，文肅公旦夕慮不免，公乃歸故園侍文肅公。烈皇帝登極，召文肅公還朝，或勸公仕，不應。丙子，文肅公薨，踰年脂車而北，就選人得隴州半刺。先是，以琴書名達禁中，蒙上特改中書舍人，協理校正書籍事務，交游贈處，傾動一時。歷三年，值漳浦黄道周以詞臣建言，觸上怒，窮治朋黨，詞連及公，下刑部獄，久之復職。壬午，奉命勞軍薊州，給假歸里。將以甲申還朝，而有三月十九日之變。事出非常，人情旁午，郡中士大夫皆就公問掌故，謀進止焉。皇帝即位南京，原官召公，以覃恩贈公生母史氏爲孺人。時柄國者爲公詩酒舊游，不堪負荷，公亦不爲之下。漸不能容，上疏引疾，奉旨致仕。散員致仕，前此未有也。公長身玉立，善自標置，所至必窗明几淨，掃地焚香。所居香草垞，水木清華，房櫳窈窕，闤闠中稱名勝地。曾於西郊構碧浪園，南都置水嬉堂，皆位置精潔，人在畫圖。致仕歸，於東郊水邊林下，經營竹籬茅舍，未就而卒，今即其地爲新阡矣。所著有《香草選》五卷、《秣陵詩》、《岱宗瑣録》、《武夷剩□》、《金門集》、《土室緣》、《長物志》、《開讀傳信》諸刻行世。未刻有《陶詩注》、《前車野語》，其他遺稿散佚甚多。元配王氏，故徵君王百谷先生女孫，生子東，郡諸生。側室生子果，能詩畫，世其家學云。

（明顧苓撰《武英殿中書舍人致仕文公行狀》）

文震亨，字啟美，待詔之曾孫，閣學文起之弟也。風姿韶秀，詩畫咸有家風。爲中書舍人，給事武英殿。先帝製頌琴二千張，命啟美爲之名，又令監造御屏，圖九邊阨塞，有賞賚。踰年請告歸，遇亂而卒。

（清錢謙益輯《列朝詩集》丁集下）

文震亨，字啟美，長洲人，崇禎中官武英殿中書舍人，有《文生小草》。啟美，相君介弟，名挂黨人之籍，後以善琴供奉思陵。跡其生平，於閩則周章甫爲賦長詩，於皖則阮集之爲作詩序。尚書王覺斯有言：「湛持憂讒畏譏，而啟美浮沉金馬，吟詩倘佯，世無疾首，由其處世固有道焉。」當時以琴同入供奉者，有太常寺丞雲南楊懷玉，會稽伊爾弢。

文震亨，字啟美，徵明曾孫，天啟乙丑恩貢，爲中書舍人，書畫咸有家風。

（清朱彝尊輯《明詩綜》）

萬曆乙酉生，順治乙酉絕粒死，年六十有一。乾隆丙申謚節愍。

（清彭蘊璨輯《歷代畫史彙傳》）

長洲文震亨，字啟美，大學士文肅從弟也。官中書舍人。時寓陽城，聞令，自投於河，家人救之，絕粒六日而死。遺書曰：「保一髮，下覲祖宗，兒曹無墮先志。」

（清淩雪撰《南天痕列傳》）

考槃餘事

點校説明

屠隆，原名屠儱，字長卿、緯真，號赤水，又號溟涬子、冥寥子、一衲道人、蓬萊仙客、鴻苞居士等。祖籍大梁（今河南開封），趙宋時因金兵之禍遷居明州（今浙江寧波）。明嘉靖二十二年（一五四三）生於鄞縣，萬曆五年（一五七七）進士及第，出任潁上知縣，七年（一五七九）調任青浦縣令。據《明史》載，屠隆爲政期間「時招名士飲酒賦詩，游九峰、三泖，以仙令自許，然於吏事不廢，士民皆愛戴之」。萬曆十年（一五八二年），升任禮部儀制司主事。兩年後因刑部主事俞顯卿挾仇誣陷其淫縱，罷官。萬曆二十五年（一五九七）奉恩「詔復冠帶」。自罷官後，以詩書自娱，潛心著述，卒於萬曆三十三年（一六〇五），享年六十有三。

錢大昕在《考槃餘事序》中說：「屠長卿先生以詩文雄隆、萬間，在『弇州四十子』之列」。《明史》則說：「（屠隆）生有異才……落筆數千言立就……詩文率不經意，一揮數紙。」屠隆文思敏捷，舉凡詩文、戲曲、博物等，無不擅長，加之勤奮異常，著述頗豐，多有代表作品傳世。《考槃餘事》便是其中之一。

《四庫全書總目提要》列《考槃餘事》於子部雜家類存目七，與董其昌撰《筠軒清秘録》、谷泰撰《博物要覽》等同屬記録文房清玩之屬的雜家、博物類著作。《考槃餘事》通行本凡四卷，首卷介绍书版、碑帖，次卷品評紙、墨、筆、硯、畫、琴等，末兩卷則記載和收録香、茶、爐、瓶及起居、盆玩、文房等一切器用服飾之類。全書所列名目較爲瑣碎，論述也較爲詳盡，加之屠隆文辭章句，往往於率不经意間流露出其天縱之才情，讀來令人口含餘香，使得《考槃餘事》不僅成爲屠隆筆記文學作品之代表，從其内容而言，也是今天研究晚明文人生活起居、文房用具等器物的重要參考資料，對傳統造物藝術尤其是文人士大夫造物藝術及其審美研究，也有極爲重要的參考價值。

《考槃餘事》的版本不下十餘種，其中明本三種，其餘大部分均爲清代和民國時期印行，另有一種爲日本刊印。兹依時間先後，擇要具體列舉幾種如下：

一、《尚白齋鐫陳眉公訂正秘笈》本。明萬曆三十四年（一六〇六）沈氏尚白齋刻，由當代名儒陳繼儒主持編修，題爲《陳眉公考槃餘事》，每卷首均題「東海屠隆著，繡州沈孚先閲」。時屠隆已然去世。這是目前所見之最早版本。

二、《寶顔堂秘笈》（六集）本，明萬曆、泰昌間刻，陳繼儒重修。版心、卷首均與沈氏尚白齋刻本同，僅「繡州沈孚先」作「德州沈孚先」。民國十一年（一九二二）上海文明書局據以石印。

三、《廣百川學海（庚集）》本。具體刊印時間不詳，主持編修者馮可賓，天启二年（一六二二）进士及第，據此，該版本當於其後刊印。該本題爲《考槃餘事十七種》，凡十七卷，包括書箋一卷、帖箋一卷、辨帖箋一卷、畫箋一卷、紙箋一卷、筆箋一卷、墨箋一卷、研箋一卷、琴箋一卷、香箋一卷、文房器具箋一卷、起居器服箋一卷、游具箋一卷、山齋誌一卷、茶箋一卷、盆玩品一卷、金魚品一卷。

四、《龍威秘書》（戊集）本。清乾隆五十九年至嘉慶元年（一七九四—一七九六）石門馬氏大西山房刻，馬俊良輯，錢大昕序，屠繼序跋，附圖。

五、和刻本。享和三年（一八〇三）日本東京刻。

六、《懺華盦叢書》本。清光緒十一年（一八八五）山陰宋澤元懺花盦刻，附圖。題爲《考槃餘事》十七卷，目録與《廣百川學海》本同，僅「金魚品」作「魚鶴品」。清光緒十三年（一八八七）重印。

七、《説庫》本，民國四年（一九一五）上海文明書局石印本，錢大昕序，屠繼序跋，附圖。

八、《叢書集成》本，民國二十六年（一九三七）商務印書館據《龍威秘書》本鉛印，有錢大昕序，屠繼序跋，附圖。

通觀以上各不同版本，有兩處值得注意。一是全書卷數，大多數爲四卷本，唯《廣百川學海》本與《懺華盦叢書》本作十七卷。經過查證，係編修者將屠氏所著其他類似文稿合并出版。二是有無序、跋和附圖。清乾隆五十年（一七八五）屠隆之嗣孫屠繼序延請錢大昕校正《考槃餘事》，錢氏對原書的詞條進行了歸納，并按不同分類進行整理，同時，對部份詞條進行了增補，使得全書收録詞條數量從二七四條增至二九七條。這是明、清兩朝版本的根本區别之一。

綜合以上各版本的不同特色，本次點校以《續修四庫全書》影印《尚白齋鐫陳眉公訂正秘笈》本爲底本，以《寶顔堂秘笈》本（簡稱「續四庫本」）、《龍威秘書》本（簡稱「龍威本」）、《説庫》本、《叢書集成》本（簡稱「叢集本」）爲校本，附以錢大昕序、屠繼序跋。由於筆者才疏學淺，錯訛之處不可避免，敬請讀者不吝指正，以便再版修訂。

考槃餘事目録

卷二

畫

紙

墨

筆

卷三

香

卷四

序

屠長卿先生以詩文雄隆、萬間，在「弇州四十子」之列，雖宦途不達，而名重海内。晚年優游林泉，文酒自娱，蕭然無世俗之思。今讀先生《考槃餘事》，評書論畫、滌硯修琴、相鶴觀魚、焚香試茗，几案之珍、巾舄之列，靡不曲盡其妙。具此勝情，宜其視軒冕如浮雲矣。茲先生之嗣孫繼序等重付剞劂，屬予校正，并題數言歸之。乾隆乙巳季夏晦日，錢大昕書。

考槃餘事卷一

書

書貴宋元者，何哉？以其雕鏤不苟，校閱不訛，書寫肥細有則，刷印清明，況多奇書，未經後人重刻，故海内名家評書次第，爲價之輕重，以《墳》、《典》、六經、《騷》、《國》、《史記》、《漢書》、《文選》爲最，詩集及百家醫方次之，文集、道釋二書，又其次也。宋書紙堅刻軟，字畫如寫，格用單邊，間多諱字，用墨稀薄，雖著水濕，燥無湮跡，開卷一種書香〔一〕，自生異味。元刻倣宋單邊，闊多一線，字畫不分粗細，紙鬆刻硬，用墨穢濁，中無諱字，開卷了無嗅味。嘗見宋板《漢書》，不惟内紙堅白，每本用澄心堂紙數幅爲副，今歸吴中，不可得矣。次以活襯竹紙爲佳，蠶繭鵠白藤紙固美，而存遺不廣。若糊褙，及以官券殘紙者，則惡矣。元補宋板遺缺，其去猶未易辨。國初補元板遺缺，内有單邊、雙邊之異，且字刻迥别，不辨自明矣。近日作假宋板書者，種種若舊，初非今書彷彿，或令人先聲指爲故家某姓所遺，百計瞽惑售者，莫可窺測，多混名家收藏者。當具法眼辨證。

刻地〔二〕

凡刻之地有三，吴也、越也、閩也。蜀宋本最稱善，近世甚希。燕、粤、秦、楚，今皆有刻，類自可觀，而不若三方之盛。其精吴爲最，其多閩爲最，越皆次之。其直重吴爲最，其直輕閩爲最，越皆次之。

印書〔三〕

凡印書，永豐綿紙上，常山東紙次之，順昌書紙又次之，福建竹紙爲下。綿貴其白且堅，東貴其潤且厚，順昌堅不如綿，厚不如東，直以價廉取稱。閩中紙短、窄、黧、脆，刻又舛訛，品最下，而直最廉。余筐篋所收，什九此物，若稍有力者，弗屑也。

書直〔四〕

凡書之直之等差，視其本、視其刻、視其紙、視其裝、視其刷、視其緩急、視其有無。本，視其鈔刻；鈔視其訛正；刻視其精粗；紙視其美惡；裝視其工拙；印視其初中；緩急視其時，又視其用；遠近視其代，又視其方。合此七者，參伍而錯綜之，天下之書之等定矣。

讎對〔五〕

葉少藴云：「唐以前凡書籍皆爲寫本，未有摹印之法，人以藏書爲貴。人不多有，而藏書者精於讎對，故往往皆有善本。學者以傳録之艱，故其誦讀亦精詳。五代時，馮道始奏請官鏤板印行。國朝淳化中，復以《史記》、前後《漢》，付有司摹印，自是書籍刊鏤者益多，士大夫不復以藏書爲意。學者易於得書，其誦讀亦因滅裂，然板本初不是正，不無訛誤。世既一以板本爲正，而藏本日亡，其訛謬者，遂不可正，甚可惜也。」此論宋世誠然，在今則甚相反。蓋當代板本盛行，刻者工直重鉅，必精加讎校，始付梓人。即未必皆善，尚得十之六七。而鈔録之本，往往非讀者所急。好事家以備多聞，束之高閣而已，以故謬誤相仍，大非刻本之比。凡書市之中，無刻本，則鈔本價十倍，刻本一出，則鈔本咸廢不售矣。

藏書〔六〕

藏書於未梅雨之前，曬取極燥，入櫃中，以紙糊門外及小縫，令不通風，蓋蒸氣自外而入也。納芸香、麝香、樟腦，可辟蠹。芸香，即今之七里香也。

觀書

勿捲腦，勿折角，勿以爪侵字，勿以唾揭幅，勿以作枕，勿以夾紙，隨損隨修，隨開隨掩，則無傷殘。出《子昂書跋》。

墨跡難辨

法帖真僞，入手少、不用心著眼，即不能辨。昔張思聰善摹古帖，自名「翻身鳳凰」，最能亂真。唐蕭誠僞爲古帖，以示李邕，曰：「此右軍真跡。」邕忻然，曰：「是真物也。」誠以實告，邕復視，曰：「細看亦未能辨，但稍欠精神耳。」北海且然，況下者乎？

南北紙墨

古之北紙，其紋横，質鬆而厚，不甚受墨。北墨多用松煙，色青而淺，不和油蠟。故北搨色淡，而紋皺如薄雲之過青天，謂之夾紗，作蟬翅搨也。南紙，其紋豎，墨用油煙，以蠟及造烏金紙水，敲刷碑文，故色純黑，而有浮光，謂之烏金搨。

古今帖辨

古帖歷年遠而裱數多，其墨濃者，堅若生漆，以手揩之，纖毫無染，兼之摩弄積久，紙面光彩如砑，古意自然，故面舊而背色長新。其側勒轉摺處，并無沁墨水跡，侵染字法，且有一種異馨發自紙墨之外。質薄者揭之，堅而不裂，以受糊多耳，厚者反破裂莫舉，以年遠，糊重、紙脆故也。今之贗帖效南搨者，近似之，然以手微抹，滿指皆墨〔七〕，效北搨者敲法，入石太深，字有邊痕，用墨不匀，濃處若烏雲生雨，淺者如白虹跨天，殊乏雅致，大率皆以川扇紙、竹紙，用挂灰爐煙瀝和水染成古色，表裡湮透，兩面如一，試以一角揭看，薄者即裂，厚則性健不斷矣。此俱以形似求之，若以字法刻手敲手揭法，過目翻閲，雖同一宋搨，而妍醜即別矣，矧贗搨乎？

贗帖

吴中近有高手，贗爲舊帖，以豎簾厚粗竹紙，皆特抄也，作夾紗搨法，以草煙末、香煙薰之，火氣逼脆本質，用香和糊，若古帖嗅味，全無一毫新狀。入手多不能破其智巧，精采反能奪目，鑒賞當具神通觀法。

藏帖

聚玩家評宋之書帖，爲最上珍品，以銅玉耐久而書帖易敗耳。兼之兵火銷鑠，或散落俗家，用以覆瓿黏窗，刼會業逢，不知其幾，故得之者當寶過金玉，斯爲善藏。

學書

吾人學書，當兼收并蓄，聚古人於一堂，接丰采於几案。手執心談，求其字體形勢，轉側結構，若龍跳虎臥、風雲轉移，若四時代謝、二儀起伏，利若刀戈，强若弓矢，點摘如山頽雨驟，而纖輕如煙霧游絲。使胸中宏博縱横有象，庶學不窘於小成，而書可名於當代矣。

淳化閣帖

宋太宗搜訪古人墨跡，於淳化年中，命侍書王箸摹勒作十卷，卷尾俱有篆書題：「淳化三年壬辰歲十一月六日，奉聖旨摹勒上石」。用澄心堂紙，李庭珪墨拓打。以手摩之，墨不污手，親王大臣，各賜一本。無銀錠紋初搨者，上也，不可得矣。有銀錠紋而墨濃者，次也，淡者，又次之。今世所有，皆轉相傳摹者，翻本以泉州爲佳，宋搨泉帖，亦不可得，泉州今刻，何啻天淵哉！

絳帖

宋潘思旦以《淳化帖》增入別帖，摹於山西絳州，計二十卷。北紙北墨，極有精神。帖比《淳化》高二字，亦稱《潘駙馬帖》〔八〕。

潭帖

《淳化》頒行，潭州摹刻一本〔九〕，與《絳帖》雁行，慶曆八年〔一〇〕，丞相劉公沆帥潭日，命慧照大師希白摹刻，增霜寒十七日、王濛、顔真卿等帖，風韻和雅，血肉停勾，形勢俱圓，頗乏峭健之氣，蓋《淳化》之子也。在潭之郡齋，亦名《長沙帖》。紹興間，第三次重摹者，失其真矣。

汝帖

摘諸帖中字牵合爲之，刻河南汝州府，每卷後有汝州印，後會稽重摹，謂之《蘭亭帖》。

秘閣續帖

元祐中，哲宗除《淳化》帖外，增刻他帖於秘閣，謂之《續帖》。

淳化祖石刻

後主〔一一〕命徐鉉以所藏法帖勒石，名《昇元帖》。在淳化前，故名祖刻。

太清樓帖

大觀年中，徽宗以《淳化帖》考選數帖，重刻於太清樓下。摹自蔡京，恣意草率，筆偏於縱〔一二〕，無復古意，賴刻手精工猶勝他帖。亦名《大觀帖》。

淳熙秘閣續帖

孝宗命劉燾摹勒禁中，工夫精緻，亚於《淳化》，两續帖相去不遠，肥而多骨，乃失之粗，遂少風韻，亦名《太清樓續閣帖》。後重摸刻於紹興府學，亦名《續蘭亭》，以其中有《蘭亭》也。今遷於潭州。

戲魚堂帖

元祐間，劉次莊以《淳化帖》除去篆題年月，增入釋文，摹於臨江官署，亦名《臨江帖》。在翻刻中頗有骨格，淡墨搨尤佳。

淳熙修内司本

卷帙規模同閣本，而卷尾題字，乃楷書非篆書也。

星鳳樓帖

宋趙彦約刻於南康，曹士冕重摹於南宋。趙刻精善不苟，曹刻清而不濃，亚於《太清樓帖》。

寶晋齋帖

紹興年間，曹之格刻於直隸無爲州學。多米芾所臨，在諸帖中爲最下。米元章又云：「羲之七帖，有雲煙卷舒翔動之氣。」

百一帖

宋王曼慶刻，筆意清遒，雅有勝趣，但刻手不精。

利州帖

宋慶元中，劉次莊以《戲魚堂帖》重刻於益昌。其釋文字畫，較《臨江》稍大。

黔江帖

宋秦子明命湯正臣父子刻於長沙，即《僧寶月古帖十卷》，載入黔江之紹聖院。

武陵帖

較諸帖中所增最多，中有右軍《黄庭經》，他本所無。博而不精，殊無足取。

東庫帖

世傳潘氏以石本帖二十卷分爲二，絳州公庫得其上十卷，絳守重刻下十卷以足之。靖康兵火俱失，金虜重刻者，天淵矣！

賜書堂帖

宋宣獻公綬刻於山陽〔一三〕，有古鐘鼎識文，絶妙，但二王帖俱不精。石已不存，後有重摹本。

甲秀堂帖

宋廬江李氏刻，前有王、顔書，多諸帖未見，後有宋人書亦多。今吴中有重摹者，亦有可觀。

一百十七種蘭亭帖〔一四〕

宋理宗内府所藏，裝褫作十册，希世之寶也。備詳《南村輟耕録》。

二王帖

宋許提舉刻於臨江〔一五〕，摹勒極精，曰《二王帖選》〔一六〕。

蔡州帖

上蔡州重摹絳帖上十卷，出於《臨江》、《潭帖》之上。

彭州帖

彭州重刻歷代法帖十卷，不甚精采，紙類北紙。

鼎帖

武陵郡齋重摹〔一七〕，石硬而刻手不精，雖博而乏古意。

鐘鼎帖

宋薛尚功編次鐘、鼎、卣〔一八〕、彝古銅器銘二十卷，刻於九江府庫。臨摹極工，甚有古意。今多取便抄録作十卷，以市於人。

四聲隸韻

書法極工，略似嫵媚，傳云石刻於琉球，其搨法、紙色絶佳。

玉麟堂帖

宋吴琚摹刻，穠而不精〔一九〕，多雜米家筆法。

以上諸帖，原石存者，十無一二矣。

周秦漢帖

《石鼓文》。史籀篆，今重摹北監。

《壇山石刻》。周穆王時所刻，史籀「吉日癸巳」四篆字絶妙，在直隸真定府趙州贊皇縣。

《泰山碑》。秦李斯篆，始皇封禪泰山，碑石在山東濟南府。

《朐山碑》。

《嶧山碑》。秦李斯篆，皆玉筯。燬於火，宋鄭文寶翻刻，石在陝西西安府學。宋李西臺翻刻，在應天府學，中山東鄒縣亦有翻本。

《章帝草書帖》。

《秦誓詛楚文》。

《淳于長夏承碑》。漢蔡邕八分書，石在直隸廣平府學。

《郭有道碑》漢蔡邕作文，隸書，在山西平晋縣。

《九疑山碑》。漢蔡邕文并隸書，在廣西。

《石經隸書》。

《邊韶墓碑》。即邊孝先。漢蔡邕隸書，在河南開封府東北五里。

《宣父碑》。蔡邕書，在直隸真定府。

《師宜官八分書》。　《仙人唐君碑》。

《張公廟碑》。　《韓明府修孔子廟器碑》。

《劉耀井陰碑》。　《堯母祠碑》。

《北岳碑》。漢蔡邕隸。　《張平子墓銘》。崔子玉書。

《西岳華山廟碑》。漢郭香察隸。漢人碑多不書何人，書姓名者，獨此帖耳。碑在陝西華陰縣華山廟。

以上皆周秦漢帖。

魏帖

《鍾元常賀捷表》。　《太饗碑》。　《薦季直表》〔二〇〕。

《文皇哀册文》。

《受禪碑》。

《上尊號碑》。在河南許州，世傳《受禪》、《尊號》二碑，俱梁鵠書，顔真卿辨爲鍾繇書。

《宗聖侯碑》。魏文帝封孔子二十一世孫孔羡爲宗聖侯，曹子建作文，梁鵠書，在孔廟。

《劉玄州華岳碑》。

以上皆魏帖。

吴帖

《吴國山碑》。

王增恕《延陵》、《季子》二碑。

以上皆吴帖。

晋帖

《蘭亭記》。王右軍作并書，李龍眠畫《流觴曲水圖》，後有盧陵曾宏父考究并跋，在浙江山陰。

《筆陣圖》。右軍行書，間有草字。末云「千金勿傳非其人也。永和十二年四月十二日」。書在陝西西安府學。

《黄庭經》。

《金剛經》。唐僧懷仁集右軍行書，石在陝西西安府雁塔下。

《樂毅論》。　《草書心經》。

《集王聖教序》。唐太宗作序，高宗作記，僧玄奘譯《多心經》，僧懷仁集右軍行書。貞觀二十三年八月作，咸亨三年十二月刻石，字體遒勁可愛，石在陝西西安府學。

《北岳醮告文》。

《周府君碑》。　《東方朔頌》。

《洛神賦》。較大令書稍大。《大草書蘭亭》。恐非真蹟。

《集右軍書牡丹詩》。　《告墓文》。

《絳州重修夫子廟堂碑》。集右軍書。

《攝山寺碑。》智永集右軍書。　《裴雄碑》。

《興福寺碑集書》。　《臨鍾繇宣示帖》。

《平西將軍墓銘》。　《梁思楚碑》。集右軍書。

《楊承源碑》[21]。集羲之、歐陽詢、褚遂良等書。　《改高樓碑》。

王涣之《陀羅尼經幢》。　《建福寺山門碑》。集右軍書。

《羊祜峴山碑》。有二石，一在湖廣峴山之上，一投漢水之濱，亦名《墮淚碑》。

《包府君碑》。

以上皆晉帖。

宋齊梁陳帖

《宋文帝神道碑》。　齊倪桂《金庭觀碑》。

齊《南陽寺隸書碑》。　梁《茅君碑》。張澤書。

《瘞鶴銘》梁陶弘景書。世傳在直隸鎮江府焦山寺山足水中，今不可得。其字神妙，見《東觀餘論》。

劉靈正《墮淚碑》。

以上皆宋、齊、梁、陳帖。

魏齊周帖

魏裴思順《教戒經》。　北齊王思誠《八分茅山碑》。

後周《大宗伯唐景碑》。歐陽詢書。

蕭子雲章草《出師頌》。在福建福州府學。

《天柱山銘》。

以上皆魏、齊、周帖。

隋帖

薛道衡書《朱厰碑》。　張公謹書《龍藏寺碑》。

魏瑗書《上方寺舍利塔銘》。

史陵書《禹廟碑》。〔二二〕　虞世南書《陰聖道場碑》。

開皇三年刻《蘭亭記》。妙絶諸本。

以上皆隋帖。

唐帖

唐太宗書《魏徵碑》。　李邕書《李思訓碑》。

《雲麾將軍李秀碑》。北海太守李邕行書，石在陝西蒲城縣者最妙。一在順天府良鄉縣學，石刻不及。

僧智永《千文》。一真行、一行草。末有「大觀己丑，薛嗣昌記」，石在陝西西安府學。

《廬府君碑》。　《陀羅尼經》。

玄度《十八體書》。石在陝西西安府香城寺中。

僧亚栖《千文》。洛陽僧亚栖草書。得張顛筆意，若飛鳥出林，驚蛇入草。石在北監。

李陽冰篆《先侍郎碑》。　《郎官帖》。張旭〔二三〕。

張旭草書《千文》。石在陝西西安府學，今亡缺過半。

僧懷素三種草書《千文》。石在陝西西安府學。

《聖母帖》。僧懷素草書，頗難識。石在陝西西安府學。

《自敘帖》。懷素草書，宋蘇舜欽補一帖，後有魏良臣跋，有「建業文房」印，石在陝西耀州三原縣臧氏墓上。

《入市詩》。

《藏真》、《律公》二帖。僧懷素草書，俱游絲。字末有「宋景祐三年馬丞之題」草書二十三字，亦妙，又有微仲書。石在陝西西安府學。

《心經》。在西安府學〔二四〕。　褚河南《忠臣像贊》。〔二五〕

《枯樹賦》。　虞世南《寶曇塔銘》。

《夫子廟堂碑》。虞世南書，真字。石在西安府學。

《破邪論》。　《龍藏寺碑》。

褚遂良《文皇哀册》。

臨摹《蘭亭》。褚遂良臨羲之書。後有延陵之印，石在陝西同州學中。

臨《聖教序》。褚河南臨本。一在陝西西安府同州倅廳，一在河南歸德府州中。

《蔡孝子墓表》。《小楷陰符經》。

草書《陰符經》。小楷《度人經》。

《紫陽觀碑》。真書《千文》。褚河南書。

虞世南《龍馬圖贊》。李懷琳《絶交書》。

史惟則隸書《千文》。于志寧《十八學士像贊》。隸書。

薛稷《昇仙太子碑》。顔真卿《元次山碑》。

《中興頌》。《摩崖碑》。顔魯公真書於湖廣浯溪崖上〔二六〕。

《汝南宫主墓志銘》。《北岳廟碑》。顔魯公書。

草書《千文》。顔魯公書。《戒壇記》。

《李含光碑》。《祭伯文》。顔魯公書，石在陝西。

《五言詩》。圓寂上人。《麻姑仙壇記》。在撫州。〔二七〕

《爭坐位帖稿》。顔魯公行書。蓋初稿也，中多塗改，字體妙絶。凡五碑，正統中破缺多矣，石在陝西西安府學。

《東方朔畫像贊》。石在山東德州〔二八〕。

《顔氏家廟碑》。顔魯公文并書。碑四面環轉，李陽冰篆額。石在陝西西安府學。

《多寶寺碑》。顔魯公真書。石在西安府學。

《放生池碑》。顔魯公真書。在浙江湖州府長興縣。

《干禄字帖》。顔魯公真書。小字别辨字之正俗，顔元孫作，石刻在四川潼川州。

《顔母陳夫人墓碑》。顔魯公文并書。石在河南鄧州。

《射堂記》。顔魯公書。石在浙江湖州府長興縣。

《祭顔杲聊并十三姪文》。顔魯公行書。石在陝西。

《昭仁寺碑》。歐陽通真書。石在陝西。

《茅山玄靜先生碑》〔二九〕。一顔魯公書楷并文。一唐柳識文，張從申書，李陽冰篆額，世號「三絶碑」。俱在直隸應天府句容縣茅山。

《西岳書》。衛公李靖布衣時上西岳書。蓋厭隋亂，其志奮欲有爲而咨之神明之辭也，其書亦佳。石刻在廣西。

《金剛經》。柳公權書。石在陝西興唐寺中。

《一行禪師塔碑》。唐明皇御製文，八分書。在陝西灞橋東源上。

《搗衣篇》。僧彦修草書，石在西安府學。

《三藏法師塔銘》。僧建初行書。石在陝西。

《滎州刺史碑》。張頌行書，石在陝西三原縣北墓上。

《北岳恒山碑》。蔡有隣隸。石在直隸宣州曲陽縣。

《有道先生葉公碑》。李邕行書，石在山東金鄉縣。

《壯觀》。李白書。二大字，在山東金鄉縣，今翻刻於濟寧州城南樓上。

《房定公墓碑》。歐陽詢真書。在山東。

《孔子廟碑》。李陽冰篆書。石在浙江縉雲縣。

《月儀》。自正月至十二月止，凡二碑，俱章草。石在臨江府學。

《李北海陰符經》。　《娑羅樹碑》。

《曹娥碑》。　《秦望山碑》。

《臧懷庇碑》[三〇]。李邕書[三一]。石在陝西耀州三原縣羽林大將軍臧氏墓上。

《岳麓寺碑》。李邕行書。石在湖廣衡山之麓。

《開元寺碑》。　李夢徵篆《教興頌》。

歐陽率更《化度寺碑》。真書，在西安府學。

《九成宮醴泉銘》。歐陽詢真書，魏徵撰文。在陝西鳳翔府麟游縣。

《皇甫君碑》。歐陽詢真書。字多損壞，存者數十字耳，乃于志寧撰文。在西安府學，今石本是重摹。

真書《千文》。歐陽詢書。

《虞恭公碑》。歐陽詢真書。遒勁最妙，此詢第一筆也，世人貴尚，惜缺落過半。石在陝西邠州宜禄巡検司。

小楷《心經》。歐陽詢書。

《夢奠帖》。歐陽詢書。　《金蘭帖》。歐陽詢真書。石在西安府學。

《鄱陽銘》。　唐太宗《屏風帖》。

唐太宗《李勣碑》。　《城隍廟碑》。李陽冰篆書。在浙江縉雲縣。

《薦福寺碑》。韓擇木八分書，史維則篆額。石在西安府景風街仁王寺中。

韓擇木八分書《臧希沈碑》。

唐玄宗《孝經》。八分隸書，注作小隸字，末有御跋，草書，後具列迹臣官勳。石在陝西。

歐陽通《道因禪師碑》。詢之子。

李陽冰篆書《千文》。石在西安府學。

《謙卦爻辭》。李陽冰篆書。石在直隸太平府蕪湖縣民家。

《玄秘塔銘》。〔三二〕侍書學士柳公權書。石在西安府學。

《李晟碑》。　《薛平碑》。

《武侯祠堂記》。　玄度八分書《崔守成碑》。

唐明皇書《金仙公主碑》。

《隴興寺四絶碑》。李華撰，張從申書，李陽冰篆，法慎師書額。
薛稷周《封中岳碑》。　僧行敦書《遺教經》。
孫過庭《書譜》。　王維書《壽州紫極宫記》。
柳公綽《諸葛廟堂碑》。牛僧孺隸書《陀羅尼經》。
歐陽通《益州碑》。　熊君《重修先師廟碑》。隸書。
索靖《出師表》。　褚遂良《樂毅論》。
李北海《荆門行》。　智永草書《蘭亭記》。
《白鶴禪師墓靈記》。隸書。
以上皆唐帖〔三三〕。

宋帖

《孔子廟碑》。僧夢英篆書。石在西安府學。
《字源千文十八體》。僧夢英篆書。石在西安府學。

蘇長公真書《韓文公廟碑》。石在廣東。
《醉翁亭記》。蘇文忠行書。石在江西吉安府學明倫堂。
《馬券》。東坡書。在檇李陸宣公書院。
《魚枕冠記》。《王郎帖》。在襄陽府。〔三四〕
《歸去來辭》。東坡行書。石在江西南康府。
《表忠觀碑》。蘇書。《洋州園池三十首》。蘇書。
《金剛經》。蘇書。《楚頌帖》。蘇書。
《此君軒歌》。《羅池廟碑》。東坡真書。石在廣西。〔三五〕
黄涪翁書《狄梁公碑》。范仲淹作，黄山谷真書，石在江西九江彭澤縣。
《書評》。行書。《晚游池塘詩》。
《大江東去詞》。《食時五觀帖》。黄涪翁書。
米南宫《章君表》。《歸去來辭》。山谷行書。在江西。
《穹窿山賦》。《山水歌》。米書。

《龍井記》。米書。　《壯懷賦》。

《天馬賦》。米書。　《行書千文》。米奉詔書〔三六〕。

《第一山》。米芾行書。字方六七寸，奇偉秀麗。在直隸鳳陽府盱眙縣。

《孔子手植檜贊》。米南宫行書。在孔廟。

蔡端明書《東園記》。《晝錦堂記》。蔡襄真書，在河南彰德府。

《閲古堂記》。　《荔枝譜》。在福建。〔三七〕

《嚴陵祠堂記》。　白從矩《先師廟碑》。

冉宗閔《宣廟門碑》。　周越草書《千文》。

葛剛正《續千文》。　陶穀抄《高僧傳》。

姜夔《續書譜》。　佛印《牛頌》。

素正巳《摩利支天經》。

《歷代鼎彝器銘誌》。薛尚功編次，共二十卷，刻於九江府使庫。

朱晦翁《富貴有餘樂詩》。

《易繫卦辭説》。晦翁書。蔡元定刻於湖廣明倫堂。

《拙賦》。周濂溪撰，向子廓隸。石在湖廣。

《岳鄂王像》。石在杭州西湖武穆王墓廟中。

《集蘭亭》。宋景定、咸淳間，賈似道命客參校諸本畢同，擇其字字尤精者〔三八〕，輯成一帖，用良工王用和刻之，經年始成。此本後有「悦生堂」印，甚可寶也。

以上皆宋帖。

元帖

鮮于太常《進學解》。行書《千文》。鮮于樞書。

巎巎子山《白石篇》〔三九〕。《清風嶺詩》。

宋仲温《竹譜》。《雪賦》。

《七姬權厝志》。宋克倣鍾字書，張羽撰文，盧熊篆額。在蘇州吴縣陳嗣初家。

《與俞仲幾書》。宋克倣鍾字，今仲幾諸孫俞珙勒石。在直隸松江府。

《蘭亭十三跋》。宋克戲書趙松雪者，舊藏華亭縣沈民望家，正統中楊政摹刻於郡。後有訓導會稽陳賓跋。

趙松雪小楷《度人經》。宣德初，直隸鎮江府玄妙觀道士得之土中，今在册徒縣學經。後有「皇慶元年春正月九日，三教弟子趙孟頫書」。末有元翰林學士袁桷跋，其字又小。

《言偃祠堂記》。朱晦翁撰文，趙松雪書。石在蘇州府常熟縣子游殿前。

《黄庭經》。松雪臨右軍楷書。石在北京國子監。

《樂毅論》。松雪臨右軍小楷。在北京國子監。

《七觀帖》。松雪小楷，末有袁文清公題跋。在浙江寧波府。

《佑聖觀帖》。在杭州府〔四〇〕。　《蘭亭十三跋》。趙文敏書。

《番陽君廟碑》。元明善撰，在饒州府〔四一〕。　《道德經》。趙松雪行書。

《沈山寺碑》。　真書《千文》。松雪書。

《東嶽行宫碑》。元孟淳作，趙子昂行書。在浙江湖州府長興縣。

行書《千文》。趙松雪書。惜碑破碎，今翻刻，有僧善啓跋。在松江府。

小楷《千文》。松雪書。　大字《千文》。趙松雪書。在四川蜀府。

《玄元十子像贊》。　《歸去來辭》。子昂行書。在蘇州崑山縣。

《洞玄經》。　《金丹四百字》。趙文敏公書。在北監。

《臨蘭亭帖》。趙文敏公臨定武本。在北監。

《春夜宴桃李園記》。松雪書。

《臨座位帖》。趙松雪臨顔魯公帖。在北監，今亦不全。

《鐵佛寺鐘銘》。松雪真書。在松江府鶴砂報恩懺院。

《棲霞阡表》。松雪書行草。在山東金鄉縣。

《碎金帖》。　《示子手帖》。趙文敏行書。在臨江府學。

《玉枕蘭亭》。趙松雪倣褚河南、歐率更縮本，方四五寸，蠅一頭小楷。一在臨江府，一在福州府學。

真書《千文》。鮮于樞書，在松江府。

趙仲穆《義田記》。　《樂善堂集趙諸帖》。

《雪菴顔陀茶榜》。　吴衍篆《陰符經》。

《王翼篆》。　《不自棄文》。宋燧小楷書。

《書杜出塞九首》。宋仲温倣章草。吴僧善啓舊藏此真蹟，摹刻於寺。在松江府。

小楷《孝經》。顔輝書。　四體《千文》。周伯温書。在江西鄱陽縣。

張即之《金鋼經》。　吴志淳《千文》。隸書。石在福州府學。

《石鼓臨本》。舊刻。宋東都時，嘗鑄金填其刻文，置宣和殿。金人入汴，剔取其金而棄去之，故自靖康土宇分裂之後，拓本絶不可得。至元，國子司業潘廸考訂音訓，刊附於後，置北京國學，於是搨本日以廣。而字畫存者〔四二〕，僅三之一耳，且中不可辨識者，又三之一，則亦久遠之驗也。若今之轉摹者，謬甚矣。

僧訥草書《千文》。吴僧訥老學張旭、懷素書。上有晉陵孫仲賢跋語，宣德間，寺僧得之土中。今在蘇州崑山縣。

以上皆元帖。

國朝帖

大字《千文》。中書舍人新安詹孟舉真書，字兼顏、歐、虞、柳。在蜀府者爲第一本，宣德中袁旭翻刻於直隸寧國郡中，亦佳。山西諸本，不及遠甚。

《送參政任冕詩》。解學士大紳草書詩二首。石在直隸松江府。

《第一山》。太祖御書。在直隸鳳陽府龍興寺中，方一尺五寸。

《春夜宴桃李園記》。詹孟舉書。在蘇州府崑山縣。

《國朝尊崇孔子廟碑》。詹孟舉真書。在闕里大成殿前。

《易繫卦辭説》。朱晦翁書刻，在湖廣。石久漫滅，正統間知府周鼎重刻，教授劉慶有跋。

《草書要領》。五卷。集晋草書，爲初學法。

《草韻》。三種，各五卷。宋元有刻，今吴中重摩。

《帝王聖賢將相像》。自伏羲至元許衡，凡一百一人。玉林居士刻於福建廬峰書院。

《閣帖》。松江顧氏、潘氏得泉州舊刻，較時本爲佳。

《書法要覽》。劉仲玠真書，在四川蜀府。

《國朝書法》。石在浙江湖洲。　《金剛經》。本朝名人，各書一段。

《東書堂帖》。皇明宗室周府摹刻閣帖，而增入蘭亭敘文，并宋人書，甚有雅趣。近復翻刻，其去周國又甚遠矣。

《停雲館帖》。姑蘇文待詔徵仲，得前人未刻真跡，勒之於石，翻本則不佳矣。

《小停雲館帖》。文徵仲刻，内多本朝名人筆跡。

以上皆國朝帖。

評國朝書帖

國朝書家，當以祝希哲允明爲上〔四三〕，今之人不啻家臨池而人染翰，然無敢與希哲抗衡也。

文徵仲徵明以法勝〔四四〕，王履吉寵以韻勝〔四五〕。然文之書畫，有親藩中貴及外國人，雖遺以隋珠趙璧而欲購片紙隻字，平生必不肯應，此文之名，益重於世。宋仲温克〔四六〕、仲珩璲，當與文、王并駕之。四子者，亚於祝者也。

陸子淵深〔四七〕、沈民則度〔四八〕、徐武功有貞〔四九〕、李貞伯應禎〔五〇〕、吴匏菴寬〔五一〕五人，其又次者也。

詹孟舉希原〔五二〕、解大紳縉〔五三〕鳴於朝，周履道砥〔五四〕、盧公武熊〔五五〕著於野，朝者乃當讓野。

杜環、沈粲、楊士奇、李昌祺、胡文穆、曾棨、李時勉、陳敬宗、吴餘慶、衛靖、魏驥、徐有貞、劉珏、張汝弼、黄翰、張天駿、蕭顯〔五六〕、邵文敬、詹和、錢溥、錢博、陳白沙、任道遜、王守仁、金琮、周倫、張電、淩晏如、許成名、許宗魯、朱曰藩〔五七〕、王愼中、楊愼、羅洪先、陳鶴、楊柯羅、鹿齡、吴維嶽、陳道復、王同祖、袁褭、王穀祥、文嘉、陳鎏、陸師道、彭年、許初、黄姬水、張鳳翼、王穉登、邢侗、俞允文、莫雲卿、朱子价、黎惟敬、梁思伯、湯焕、吴大禮、陸萬里，其又次者也。

古隸〔五八〕，在明世殊寥寥，聞惟陳文東，文徵仲、文彭數人而已。

篆書，李東陽、滕用亨、程南雲、金湜、喬宇、景陽、徐霖、陳道復、王穀祥、周天球。

署書，詹希原、夏昹、蔣廷暉、朱孔暘、湛若水、夏言方、元焕、張書紳、蘇州、王問、俞憲、莫如忠、陳尓見。張天駿有厮養婢，善書，觀者咄咄稱賞。能贅列紫薇郎署分科木天，大可怪也。

先孔暘、姜立綱皆掾史筆，所謂「南路體」也。馬一龍用筆本流迅而乏字源濃淡，大小錯綜不可識，拆看亦不成章，況多俗筆。方元焕、張書紳、蘇洲，皆近時書中惡道也。馬負圖狂翰亦有習者，既貽譏大雅，終非可久。王逢年本有筆，而雜用之，遂不成家。之數子者，書不足法也。

李自實亦称善書，爲右都御史，坐寧藩事伏法。丰吏部坊改名道生，自負書藪，第形樸既不美觀，加之狼戾難親，蹤跡永絶。此二人者人品惡薄，書不足道也。

以上評國朝書家。

宋姜堯章蘭亭偏傍考

「永」字無畫，發筆處微轉折。「和」字口下横筆稍出。「年」字懸筆上湊頂。

「在」字左人反剔。「歲」字有點，在山之下，戈口之右。「事」字斜脚拂不挑。「流」字内字處，就回筆，不是點。「殊」字挑脚帶横〔五九〕。「是」字下疋凡三轉不斷。「趣」字波略少捲向上。「欣」字欠右一筆，作章草發筆之狀，不是捺。「抱」字巳開口。「亦大矣」，「亦」字是四點。「興感」，「感」字戈邊是直作一筆，不是點。「未嘗不」，「不」字反挑脚處有一缺。

右法特舉其大概耳，持此以觀天下之《蘭亭》，恐亦不大失眼。

五字損本蘭亭考

「湍」、「流」、「帶」、「右」、「天」五字，有損也。

蘭亭摹本字考

「癸丑」二字，略小而相連。「崇山」二字，傍注。「因寄」，「因」字中改「向之」二字。「痛哉」「痛」字，「悲夫」「夫」字，「斯文」「文」字，皆改而筆畫重。「視昔」之下圈去二字。「曾不知」「曾」字，旁注作「僧」字。《東觀餘論》云：「《晋史·逸少傳》無『曾』字，乃徐僧權得之，用名字小印押縫耳，歲久止存『僧』字。後人不知，誤爲『曾』字脱落，添此字耳。」

蘭亭諸本考

復州裂本。首六行斜裂，第一行缺「會」字，又「永」字與二行「會」字、三行「畢」字、四行「修」字、五行「爲流」二字，正當裂處，十三行「因」字，内改筆作小仲字。十七行「向之」字差大，二十五行「視昔」下二字作圈，「夫」字上露初也字，末行文字稍重。乃景陵郡齋舊物，湮没民間，宋紹興丁丑，郡守何文度搜訪得之。

豫章裂本。首行闕「會」字，二行「亭」字、三行「群」字、六行「列」字、七行「幽」字、九行「勝」字，俱有闕白。又九行「觀」字、十行「以游」二字、十一行「樂也夫」三字、十二行「抱悟言」三字、十三行「形骸之外」四字、十四行「其欣」二字，正當裂處。餘同復州本。

江州裂本。首行裂「會」字，五行缺「湍」字，六行「坐其」二字、七行「詠亦」二字，八行「清惠風」三字、九行「之盛」二字，正當裂處。餘同復州本。

鄱陽汪相家裂本。首行缺「會」字，二行「亭」字、三行「群」字、四行「流激」二字、七行「幽」字、九行「盛」字，十二行「内」字、十七行「隨」字、十八行「猶」字、廿二行「若」字，廿三行「生」字，皆有闕白。又其裂處正與豫章本同，後有圖書云：「忠衛社稷之家」。

處州劉涇本。云是巨濟刻家藏絹本。首行「會」字全，末題〔六〇〕：「模家本留刻仙都。」又題：「紹興丁丑，蜀人劉涇」。字皆全，惟第三行「畢」字闕。

石氏肥本。云是石熙明摹刻。首行闕「會」字，筆畫雖肥，而意度亦有可取者。

不知處本。首行闕「會」字，其中多細裂，而意度亦好。

淡墨本。前八行橫裂，一行「暮」字、二行「亭」字，三行「咸集」字、四行「有」字，五行「流」字、六行「管」字、七行「幽」字、八行「暢仰」二字，正當裂處。又十七、十八行有細裂文。

劉無言本。首行亦有「會」字，筆勢稍活動，當是重刻諸本。諸本在宋時，初藏蘇氏，米元章以名畫易得之，極寶愛。後嘉熙庚子，西秦張清淑摹勒上石，不知無言何時又重刻也。

永嘉本。云是智永臨寫，宋紹興間，太守程邁刻置郡齋。筆勢雖縱逸，而未免失真。首行「會」字亦全，末有孫綽後序，是唐乾封二年僧懷仁集書。又有吳傳朋題識具在。

右諸本當以復州本爲勝，次豫章本，次劉無言本，次北京本，其他皆不及也。

趙松雪蘭亭十三跋考

第一跋：三行「繇」字，大七八分。二跋：四行零四字，比上差小一半，皆繇字。三跋：七行作章草，與二跋大小同。四跋：二行作繇字，差小於上。五跋：一行半作繇字，比上又小。六跋：二行半作行書，比首跋差大。七跋：四行作行書，字比上差小。八跋：三行零二字作草書，比上差小。九跋：三行半作小楷，帶繇字。十跋：四行半行草帶草字書，與昔人得古刻同大。十一跋：二行小楷，作繇字。十二跋：三行作蠶頭章草。十三跋：三行作繇字，頗粗。

校勘記

〔一〕「開卷一種書香」，秘笈本「開」作「閲」。
〔二〕「刻地」，續四庫本、秘笈本均脱此條，據龍威本、説庫本、叢集本補。
〔三〕「印書」，續四庫本、秘笈本均脱此條，據龍威本、説庫本、叢集本補。
〔四〕「書直」，續四庫本、秘笈本均脱此條，據龍威本、説庫本、叢集本補。
〔五〕「讎對」，續四庫本、秘笈本均脱此條，據龍威本、説庫本、叢集本補。
〔六〕「藏書」，續四庫本、秘笈本均脱，據龍威本、説庫本、叢集本補。
〔七〕「滿紙皆墨」，續四庫本「墨」作「黑」，据秘笈本、龍威本、説庫本、叢集本改。
〔八〕「亦稱《潘駙馬帖》」，續四庫本、秘笈本「潘」均作「高」，據龍威本、説庫本、叢集本改。
〔九〕「淳化頒行潭州摸刻一本」，龍威本、説庫本、叢集本「一」均作「二」。

〔一〇〕「慶曆八年」，續四庫本、秘笈本均作「慶曆年」，據龍威本、説庫本、叢集本改。

〔一一〕「後主」，龍威本、説庫本、叢集本均作「南唐李後主」。

〔一二〕「筆偏於縱」，龍威本、説庫本、叢集本「於」均作「手」。

〔一三〕「宋宣獻公綬刻於山陽」，續四庫本、秘笈本均脱「獻公」二字，據龍威本、説庫本、叢集本補。

〔一四〕「一百十七種蘭亭帖」，續四庫本、秘笈本均脱「帖」字，據龍威本、説庫本、叢集本補。

〔一五〕「宋許提舉刻於臨江」，龍威本、説庫本、叢集本「舉」後有「開」字。

〔一六〕「曰二王帖選」，續四庫本、秘笈本均脱「曰」字，據龍威本、説庫本、叢集本補。

〔一七〕「武陵郡齋重摹」，續四庫本、秘笈本均脱「重摹」二字，據龍威本、説庫本、叢集本補。

〔一八〕「卣」，續四庫本、秘笈本均作「鹵」，據龍威本、説庫本、叢集本改。

〔一九〕「穠而不精」，龍威本、説庫本、叢集本「精」均作「清」。

〔二〇〕「薦季直表」，續四庫本、秘笈本均脱，據龍威本、説庫本、叢集本補。

〔二一〕「楊承源碑」，續四庫本、秘笈本均脱「碑」字，據龍威本、説庫本、叢集本補。

〔二二〕「禹廟碑」，續四庫本、秘笈本「禹」均作「帛」，據龍威本、説庫本、叢集本改。

〔二三〕「張旭」，續四庫本、秘笈本均脱，據龍威本、説庫本、叢集本補。
〔二四〕「在西安府學」，續四庫本、秘笈本均脱，據龍威本、説庫本、叢集本補。
〔二五〕「忠臣像贊」，龍威本、説庫本、叢集本「臣」均作「良」。
〔二六〕「於湖廣浯溪崖上」，續四庫本、秘笈本、叢集本「浯」均作「語」，據龍威本、説庫本改。
〔二七〕「在撫州」，續四庫本、秘笈本均脱，據龍威本、説庫本、叢集本補。
〔二八〕「石在山東德州」，續四庫本、秘笈本均脱，據龍威本、説庫本、叢集本補。
〔二九〕「茅山玄靜先生碑」，續四庫本、秘笈本均脱「生」字，據龍威本、説庫本、叢集本補。
〔三〇〕「臧懷庇碑」，龍威本、説庫本、叢集本「庇」均作「恪」。
〔三一〕「李邕書」，龍威本、説庫本、叢集本均作「顔真卿書」。
〔三二〕「玄秘塔銘」，續四庫本「秘」作「秋」，據秘笈本、龍威本、説庫本、叢集本改。
〔三三〕「以上皆唐帖」，續四庫本、秘笈本均在「《字源千文十八體》」條後，據龍威本、説庫本、叢集本改。
〔三四〕「在襄陽府」，續四庫本、秘笈本均脱，據龍威本、説庫本、叢集本補。
〔三五〕「石在廣西」，續四庫本、秘笈本均脱「石」字，據龍威本、説庫本、叢集本補。

〔三六〕「米奉詔書」，續四庫本、秘笈本均脱，據龍威本、説庫本、叢集本補。

〔三七〕「在福建」，續四庫本、秘笈本均脱，據龍威本、説庫本、叢集本補。

〔三八〕「擇其字字尤精者」，龍威本、説庫本、叢集本均作「擇其字之尤精者」。

〔三九〕「巙巙子山白石篇」，續四庫本、秘笈本均脱一「巙」字，據龍威本、説庫本、叢集本補。

〔四〇〕「在杭州府」，續四庫本、秘笈本均脱，據龍威本、説庫本、叢集本補。

〔四一〕「元明善撰，在饒州府」，續四庫本、秘笈本均脱，據龍威本、説庫本、叢集本補。

〔四二〕「而字畫存者」，續四庫本、秘笈本、龍威本均作「而字畫畫存者」，説庫本作「而字畫盡存者」，據叢集本改。

〔四三〕「當以祝希哲允明爲上」，續四庫本、秘笈本均脱「希哲」二字，據龍威本、説庫本、叢集本補。

〔四四〕「文徵仲徵明以法勝」，續四庫本、秘笈本均脱「徵明」二字，據龍威本、説庫本、叢集本補。

〔四五〕「王履吉寵以韻勝」，續四庫本、秘笈本均脱「寵」字，據龍威本、説庫本、叢集本補。

〔四六〕「宋仲温克」，續四庫本、秘笈本均脱「克」字，據龍威本、説庫本、叢集本補。

〔四七〕「陸子淵深」續四庫本、秘笈本均脱「子淵」，據龍威本、説庫本、叢集本補。

〔四八〕「沈民則度」，續四庫本、秘笈本均脱「民則」，據龍威本、説庫本、叢集本補。

〔四九〕「徐武功有貞」，續四庫本、秘笈本均作「徐元玉」，據龍威本、説庫本、叢集本改。

〔五〇〕「李伯貞應禎」，續四庫本、秘笈本均脱「貞伯」，據龍威本、説庫本、叢集本改。

〔五一〕「吴匏菴寬」，續四庫本、秘笈本均脱「匏菴」，據龍威本、説庫本、叢集本改。

〔五二〕「詹孟舉希原」，續四庫本、秘笈本均脱「孟舉」，據龍威本、説庫本、叢集本改。

〔五三〕「解大紳縉」，續四庫本、秘笈本均脱「希原」，據龍威本、説庫本、叢集本改。

〔五四〕「周履道砥」，續四庫本、秘笈本均脱「履道」，據龍威本、説庫本、叢集本改。

〔五五〕「盧公武熊」，續四庫本、秘笈本均脱「公武」，據龍威本、説庫本、叢集本改。

〔五六〕「蕭显」，續四庫本、秘笈本「蕭」均作「肅」，據龍威本、説庫本、叢集本改。

〔五七〕「朱曰藩」，續四庫本、作「朱九江」，據龍威本、説庫本、叢集本改。

〔五八〕「古隸」，續四庫本、秘笈本均作「隸古」，據龍威本、説庫本、叢集本改。

〔五九〕「帶横」，續四庫本，秘笈本均作「横带」，據龍威本、説庫本、叢集本改。

〔六〇〕「末題」，續四庫本、秘笈本均脱「題」字，據龍威本、説庫本、叢集本補。

考槃餘事卷二

畫

王弇州評畫

書法，六朝不及晋魏，宋元不及六朝與唐。畫則各自成佛作祖，不以時代爲限。《四部稿》。

賞鑒好事

書畫有賞鑒好事二家，其説舊矣。若求其人，則自人主、侯王、將相，以及方外衲子，固宜有之。張彦遠云：「有收藏而不能鑒識，能鑒識而不善閱翫，能閱翫而不能裝褫，能裝褫而無銓次，皆病也。」若寧庶人宸濠、嚴逆人世蕃，蓋富貴貪婪之極，而傍及於此，固不可以言好事也。

似不似

畫花，趙昌意在似，徐熙意不在似，非高於畫者，不能以似不似第其高遠。蓋意不在似者，太史公之於文，杜陵老之於詩也。

古畫

上古之畫，跡簡意淡，真趣自然。畫譜繪鑒雖備，而歷年遠甚，箋素敗腐，不可得矣。

唐畫

意趣具於筆前，故畫成神足，莊重嚴律，不求工巧，而自多妙處，後人刻意工巧，有物趣而乏天趣。

宋畫

評者謂之院畫不以爲重，以巧太過而神不足也。不知宋人之畫，亦非後人可造堂室，如李唐、劉松年、馬遠、夏珪，此南渡以後四大家也。畫家雖以殘山剩水目之，然可謂精工之極。

元畫

評者謂士夫畫，世獨尚之，蓋士氣畫者，乃士林中，能作隸家，畫品全法，氣韻生動〔一〕，不求物趣，以得天趣爲高。觀其曰寫而不曰畫者，蓋欲脱盡畫工院氣故耳，此等謂之寄興，但可取玩一世。若云善畫，何以上擬古人，而爲後世寶藏。如趙松雪、黄子久、王叔明、吴仲圭之四大家，及錢舜舉、倪雲林、趙仲穆輩，形神俱妙，絶無邪學，可垂久不磨，此真士氣畫也。雖宋人復起，亦甘心服其天趣，然亦得宋人之家法而一變者。

國朝畫家

明興丹青，可宋可元，與之并駕馳蹶者，何啻數百家。而吴中獨踞其大半，即盡諸方之燁然者不及也。

邪學

如鄭顛仙、張復陽、鍾欽禮、蔣三松、張平山、汪海雲輩，皆畫家邪學，徒逞狂態者也，俱無足取。

粉本

古人畫稿，謂之粉本。草草不經意處，乃其天機偶發，生意勃然，落筆趣成，自有神妙。有則宜寶藏之。

臨畫

臨摹古畫，著色最難，極力摹擬，或有相似，惟紅不可及，然無出宋人。宋人摹寫唐朝、五代之畫，如出一手，秘府多寶藏之。今人臨畫，惟求影響，多用己意，隨手苟簡，雖極精工，先乏天趣，妙者亦板。國朝戴文進臨摹宋人名畫，得其三昧，種種逼真，效黄子久、王叔明畫，較勝二家。沈石田有一種本色不甚稱，摹倣諸舊，筆意奪真，獨於倪元鎮不似，蓋老筆過之也。評者云：「子昂近宋而人物爲勝，沈啓南近元而山水爲尤」。今如吴中莫樂泉臨畫，亦稱當代一絶。

宋繡畫

宋之閨繡畫，山水、人物、樓臺、花鳥，針線細密，不露邊縫，其用絨一二絲，用針如髮細者爲之，故眉目畢具，絨彩奪目，而丰神宛然，設色開染，較畫更佳。女紅之巧，十指春風，迥不可及。

看畫法

看畫之法，如看字法。松雪詩云：「石如飛白木如籀，寫竹應從八法求。」正謂此也。須着眼圓活，勿偏己見，細看古人命筆立意，委曲妙處方是。

品第畫

以山水爲上，人物小者次之，花鳥、竹石又次之，走獸、蟲魚又其下也。更須絹素紙地完整不破，色雖古而清潔，精神如新，照無貼襯，嗅之異香可掬，此其最上品也。

無名畫

古畫無名款者多。畫院進呈卷軸，皆有名大家，乃御府畫也。世以無名人畫，即填某人款字，深爲可笑。

單條畫

高齋精舍，宜挂單條。若對軸，即少雅致，況四五軸乎？且高人之畫，適興偶作數筆，人即寶傳，何能有對乎？今人以孤軸爲嫌，不足與言畫矣。

古絹素

唐紙則硬黄短簾，絹則絲粗而厚，有搗熟者、有四尺闊者。宋紙則鵠白、澄心堂，絹則光細若紙，揩摩如玉，間有闊五六尺者，名曰獨梭。元絹有獨梭者，與宋相似，有宓家機絹，皆妙。

裱錦

古有樗蒲錦，又名闍婆錦，有樓閣錦、紫駞花鸞章錦、朱雀錦、鳳凰錦、斑文錦、走龍錦、翻鴻錦。皆御府中物。有海馬錦、龜紋錦、粟地錦、皮毬錦。皆宣和綾。今蘇州有落花流水錦，皆用作裱背〔二〕。

學畫

人能以畫寓意，明窗淨几，描寫景物，或觀佳山水處，胸中便生景象，或觀名花折枝，想其態度綽約，枝梗轉折，向日舒笑，迎風欹斜，含煙弄雨，初開殘落。布置筆端，不覺妙合天趣，自是一樂。若不以天生活潑爲法，徒竊紙上形似，終爲俗品。古之高尚士夫，如李公鱗、范寬、李成、蘇長公、米家父子輩，靡不盡臻神品。賞鑑大雅，須學一二名家，方得深知畫意。

軸頭

用檀香爲之，可以除濕遠蠹，芸、麝、樟腦亦辟蠹。

藏畫

以杉桫木爲匣，匣内切勿油漆糊紙，恐惹黴濕。遇四、五、六月之先，將畫幅幅展玩，微見風日，收起入匣，用紙封口，勿令通氣。置透風空閣，或去地丈餘。又當常近人氣，過此二候方開，可免黴白。平時張挂名畫，須三五日一易，則不厭觀，不令惹塵濕。收起先拂去两面塵垢，略見風日即珍藏之，久則恐爲風濕，損其質地。

小畫匣

單條短軸，作横面開關門扇匣子。畫直放入，軸頭貼籤，細書某畫，甚便取看。

捲畫

須顧邊齊，不宜局促，亦不可着力捲緊，恐急裂絹素。

拭畫

揩抹畫片，不可用粗布，恐模擦失神。

出示畫

古畫不可出示俗人。不知看法，以手托起畫背就觀，絹素隨拆，或忽慢墮地，損裂莫補。

裱畫

畫不脱落，不宜數裱。一裝褙則一損精神〔三〕，墨跡亦然。

挂畫

對景不宜挂畫，以僞不勝真也。

紙

古紙[四]

北紙用横簾造，其紋横，其質鬆而厚，謂之側理紙。南紙用竪簾，其紋竪，晋二王真跡，多是會稽竪紋竹紙。

唐紙

有硬黄紙，唐人以黄蘗染之，取其辟蠹，其質如漿，光澤瑩滑，用以書經。今秘閣所藏二王書，皆唐人臨倣，紙皆硬黄。又元和初，蜀妓薛洪度以紙爲業，製小箋十色，名薛濤箋，亦名蜀箋。

宋紙

有澄心堂紙，極佳，宋諸名公寫字，及李伯時畫多用此紙，毫間有紙織成界道，謂之鳥絲欄。有歙紙，今徽州府歙縣地名龍鬚者，紙出其間，光滑瑩白可愛。有黄白經箋，可揭開用之，有碧雲春樹箋、龍鳳箋、團花箋、金花箋。有匹紙，長三丈至五丈，陶穀家藏數幅，長如匹練，名鄱陽白。有藤白紙、觀音簾紙、鵠白紙、蠶繭紙、竹紙、大箋紙。有彩色粉箋，其色光滑，東坡、山谷多用之作畫寫字。

元紙

有彩色粉箋、蠟箋、黄箋、花箋、羅紋箋，皆出紹興。有白籙紙、觀音紙、清江紙，皆出江西。趙松雪、巙巙子山、張伯雨、鮮于樞書，多用此紙。

國朝紙

永樂中，江西西山置官局造紙最厚，大而好者，曰連七、曰觀音紙。有奏本紙，出江西鉛山；有榜紙，出浙之常山、直隸、廬州英山；有小牋紙，出江西臨川；有大牋紙，出浙之上虞。今之大内，用細密灑金五色粉箋、五色大簾紙、灑金箋。有白箋堅厚如板，两面砑光如玉潔白； 有印金五色花箋，有磁青紙，如段素，堅韌可寶。近日吴中無紋灑金箋紙爲佳。 松江譚箋〔五〕，不用粉造，以荆川連紙褙厚砑光，用蠟打各色花鳥，堅滑可類宋紙。 新安倣造宋藏經箋紙，亦佳。 有舊裱畫卷綿紙〔六〕，作畫甚佳，有則宜收藏之。

高麗紙

以綿繭造成，色白如綾，堅韌如帛，用以書寫，發墨可愛。 此中國所無，亦奇品也。

造葵箋法〔七〕

五六月戎葵葉，和露摘下，搗爛取汁，用孩兒白白鹿堅厚者裁段。 葵汁内稍投雲母細粉、明礬些少，和匀，盛大盆中。 用紙拖染，挂乾，或用以砑花，或就素用。 其色緑可人，且抱野人傾葵微意。

染宋箋色法[八]

黄柏一斤搥碎，用水四升，浸一伏時，煎熬至二升止，聽用。橡斗子一升，如上法煎水，聽用。胭脂五錢，深者方妙，用湯四碗，浸搾出紅。三味各成濃汁，用大盆盛汁。每用觀音簾堅厚紙，先用黄柏汁拖過一次，復以橡斗汁拖一次，再以胭脂汁拖一次，更看深淺加減，遂張晾乾可用。

染紙作畫不用膠法[九]

紙用膠礬作畫，殊無士氣。否則，不可著色開染。法以皂角搗碎，浸清水中一日，用砂灌重湯，煮一炷香，濾淨調匀，刷紙一次，挂乾。復以明礬泡湯，加刷一次，挂乾。用以作畫，儼若生紙。若安藏三二月用，更妙。拆舊裱畫卷綿紙作畫，甚佳，有則宜寶藏可也。

造搥白紙法〔一〇〕

法取黄葵花根搗汁，每水一大碗，入汁一二匙，攪匀。用此，令紙不粘而滑也。如根汁用多，則反粘，不妙。用紙十幅，將上一幅刷濕，又加乾紙十幅，累至百幅無礙。紙厚，以七八張相隔，薄則多用不妨。用厚板石壓紙，過一宿揭起，俱潤透矣。濕則晾乾，否則平鋪石上，用打紙搥敲千餘下，揭開，晾十分乾。再疊壓一宿，又搥千餘搥，令發光，與蠟牋相似方妙。余嘗製之，甚佳，但跋涉耳。

造金銀印花箋法〔一一〕

用雲母粉，同蒼朮、生薑、燈草煮一日，用布包揉洗，又絹包揉洗，愈揉愈細，以絶細爲甚佳。收時，以綿紙數層，置灰矼上，傾粉汁在上，湮乾。用五色箋，將各色花板平放，次用白芨調粉，刷上花板，覆紙印花，板上不可重搨，欲其花起故耳，印成花如銷銀。若用薑黄煎汁，同白芨水調粉，刷板印之，花如銷金。二法亦多雅趣。

造松花箋法〔一二〕

槐花半升，炒煎赤，冷水三碗煎汁。用銀母粉一兩、礬五錢，研細，先入盆內。將黄汁煎起，用絹濾過，方入盆中，攪匀拖紙，以淡爲佳。文房用牋，外此數色，皆不足備。

墨

古人用墨，必擇精品，蓋不特籍美於今，更籍傳美於後。昔晉唐之書〔一三〕、宋元之畫，皆傳數百年，墨色如漆，神氣賴以全。若墨之下者，用濃，見水則沁散湮污，用淡，重褙則神氣索然，未及數年，墨跡已脱。此用墨之不可不精也。高深甫云：「墨之妙用，質取其輕，煙取其清，嗅之無香，磨之無聲。新研新水磨若不勝，忌急則熱，熱則生沫。用則旋研，研無久停，塵埃污墨，膠力泥凝，用過則濯，墨積勿盈，藏久膠宿，墨用乃精。」誠鑒墨三昧語。其古今名家造法，備詳《墨經》、《墨書》。

古製墨法〔一四〕

《古墨法》云：「煙細膠新，杵熟烝勻。色不染手，光可射人。」又曰：「虬松取煙，鹿膠相揉。九烝回澤，萬杵力扣。光可照人，色不染手。」造墨，惟膠爲難，古之妙工，皆自製膠。法取新解牛革及觔，全用之。牛革取其厚處，連膚及毛，皆割不用，入治成膠，即以和煙。若冷定重化，則已非新矣。今之膠材，皆牛革之棄餘，故雖號廣膠，去古膠法猶遠，無怪乎墨品之下也！徽墨今古第一者，上比潘谷、蔡滔，中間猶容十許人，况李廷珪乎？《楊升菴外集》。

朱萬初墨〔一五〕

元有朱萬初，善製墨，純用松煙。蓋取三百年摧朽之餘，精英之不可泯者用之，非常松也。天曆乙巳，開奎章閣，揀儒臣親侍翰墨，榮公存初、康里公子山，皆侍閣下。以朱萬初所製墨進，大稱旨，得禄食。藝文館虞文靖公贈之詩，曰：「霜雪摧殘潤璽非，根深千歲斧斤違。寸心不逐飛煙化，還作玄雲繞紫微。」蓋紀兹事也。又曰：「萬初之墨，沉着而無留跡，輕清而有餘潤，其品在郭圯父子間。」又跋其後曰：「近世墨以油煙易松煙，姿媚而不深重。萬初既以墨顯，又得真定劉法造墨法於石刻中，以爲劉之精藝深心，盡在於此，必無誤。後世因覃思而得之。」余嘗謂松煙墨深重而不姿媚，油煙墨姿媚而不深重，若以松脂爲炬取煙，二者兼之矣。宋徽宗嘗以蘇合油搜煙爲墨，至金章宗購之，一兩墨價黃金一斤，欲倣爲之，不能。此謂之墨妖可也。

《楊升菴外集》。

筆

法

製筆之法，以尖、齊、圓、健爲四德。毫堅則尖；毫多則色紫而齊，用𥻘貼襯得法，則毫束而圓；用以純毫，附以香狸角水得法，則用久而健。柳帖云：「副齊則波切有憑，管小則運動有力，毛細則點畫無失，鋒長則洪闊自由。」筆之玄樞，當盡於是。今人毫少而狸猱倍之，筆不耐寫，豈筆之咎哉？爲不用料耳。

毫

筆之所貴者在毫。廣東番禺諸郡，多以青羊毛爲之，以雉尾或雞鴨毛爲蓋，五色可觀。或用豐狐毛、鼠鬚、虎毛、羊毛、麝毛、鹿毛、羊鬚、胎髮、猪鬃、狸毛造者，然皆不若兔毫爲佳。兔以崇山絶壑中者，兔肥毫長而鋭，秋毫取健，冬毫取堅，春夏之毫則不堪矣。若中秋無月，則兔不孕，毫少而貴。朝鮮有狼尾筆，亦佳。近日所製者，尤精絶。

管

古有金管、銀管、斑管、象管、玳瑁管、玻瓈管、鏤金管、緑沉漆管、棕竹管、紫檀管、花梨管，然皆不若白竹之薄標者，爲管最便持用。筆之妙盡矣！他又何尚焉？

冬月以紙帛衣管以避寒者，似亦難用，悉不取也。

式

舊製筆頭式，如荀尖最佳。後變爲細腰葫蘆樣，初寫似細，宜作小書。用後腰散，便成水筆，即爲棄物矣。當從舊製可也。

工

古者蒙恬創筆，南朝有姥善作筆。開元中，筆匠名鐵頭，能瑩管如玉。宣州有諸葛高；常州許穎；國朝有陸繼翁、王古用，皆湖人，住金陵；吉水有鄭伯清；吴興有張天錫。惜乎近俱失傳其妙。大抵海内筆工，皆不若湖之得法。畫筆以杭之張文貴爲首稱，而張亦不妄傳人，今則善惡無准，世業不修，似亦可惜。揚州之中管鼠心畫筆，用以落墨、白描，佳絶。水筆亦妙。

藏

筆以十月、正、二月收者爲佳。《文房寶飾》云：「養筆以硫黄酒舒其毫。」蘇東坡以黄連煎湯，調輕粉蘸筆頭，候乾收之，則不蛀。黄山谷以川椒黄蘗煎湯，磨松煙染筆，藏之尤佳。

滌

妙筆書後，即入筆洗中滌去滯墨，則毫堅不脱，可耐久用。洗完即加筆帽，免挫筆鋒，若有油膩，以皂角湯洗之。

瘞

古人重筆，用敗則瘞，今人委之糞土，似非雅厚。昔趙光逢薄游襄漢，濯足溪上，見一方磚類碑，上題云：「髡友退鋒郎，功成鬓髮霜，塚頭封馬鬣，不敢負恩光。」後題

「獨孤貞節立」。磚上積有苔痕，此蓋好事者瘞筆之所。《清異録》。

筆經[一六]

劉向《説苑》：「王滿生説周公，籍筆牘書之。」則周公時已有筆矣。韋誕《筆經》曰：「製筆之法，桀者居前，毳者居後；强者爲刃，愞者爲輔；參之以檾，束之以管；固以漆液，澤以海藻。濡墨而試，直中繩，曲中勾；方圓中規矩，終日握而不敗。故曰筆妙。」又柳公權一帖云：「近蒙寄筆，深慰遠情。但出鋒太短，傷於勁硬。所要優柔，出鋒須長，擇毫須細，取管不在大。副切須齊，副齊則波掣有憑，管小則運動省力，毛細則點書無失，鋒長則洪潤自由。」此帖論筆之妙頗盡。故粹書之。《楊升菴外集》。

研

范喬年二歲時，祖范馨臨終，撫喬首曰：「恨不見汝成人。」因以所用研與之。至五歲，祖母以告喬，喬執研涕泣，後博學，著《劉楊優劣論》，辟舉不仕而隱。

研以端、歙爲上。古端之舊坑下巖，天生石子，温潤如玉，眼高而活，分布成象，磨之無聲，貯水不耗。發墨而不壞筆者，爲希世之珍，有無眼而佳者，第白端、緑端，非眼不易辨也。歙亦如之，但無眼耳。大抵端取細潤停水，歙取縝澀發墨，兼之斯爲寶矣。然皆難得。今惟取其質之堅膩，琢之圓滑，色之光采，聲之清泠，體之厚重，藏之完整，傳之久遠，爲可貴耳。

養研

凡硯池水不可令乾，每日易以清水，以養石潤。磨墨處不可貯水，用過則乾之，久浸則不發墨。

滌研

日用研須日滌，去其積墨敗水，則墨光瑩潤。若過一二日，則墨色差減。春夏二時，霉溽蒸濕使墨積久，則膠泛滯筆，又能損硯精彩，尤須頻滌。以莗麻子擦硯滋潤，不得以滚湯滌研，不可以毡片故紙揩抹，恐毡毛紙屑以混墨色。端溪有洗研石，絶佳。今以皂角清水滌之爲妙；或以半夏切片擦硯，極去滯墨；或以絲瓜穰滌洗；或以連房殼滌洗，去垢起滯，又不傷硯，絶佳。大忌滚水磨墨，茶亦不可。尤不宜令頑童持洗。

試新墨

新墨初用，膠性并棱角未伏。不可重磨，恐傷研質。

藏研

端溪水中出一草，芊芊可愛，石工取石琢研訖，乃用其草裹之，故自嶺表迄中夏，而無損也。取以爲囊，藏研最佳。或以文綾爲囊，韜避塵垢，置之笥匣。不可以研壓研，恐傷研材。

冬月研

冬天嚴寒，不可用佳研。得青州熟鐵研，可以敵凍。炙研須用四脚㨾爐，架火研上，微微逼之，或用研爐亦可。

朱研

亦得舊石者，方妙。或用白端，亦可。

墨繡

研池邊斑駁墨跡，久浸不浮者，名曰墨繡，爲古硯之徵。最難得者，不可磨去，致規杖漆琴之誚。

琴

琴爲書室中雅樂，不可一日不對清音。居士談古，若無古琴，新者亦須壁懸一牀，無論能操。縱不善操，亦當有琴。淵明云：「但得琴中趣，何勞絃上音。」吾輩業琴，不在記博，惟知琴趣，貴得其真。若亚聖操《懷古吟》，志懷賢也；《古交行》、《客窗夜話》〔一七〕，思尚友也。《猗蘭》、《陽春》，鼓之宣暢布和；《風入松》、《御風行》，操致涼颸解愠。《瀟湘水雲》、《雁過衡陽》，起我興薄秋穹；《梅花三弄》、《白雪操》，逸我神游玄圃。《樵歌》、《漁歌》，鳴山水之閒心；《谷口引》、《扣角歌》，抱煙霞之雅趣。詞賦若《歸去來》、《赤壁賦》，亦可咏懷寄興。清夜月明，操弄一二，養性修身之道，不外是矣。豈徒以絲桐爲悦耳計哉？

古琴色

古琴歷年既久，漆光退盡，惟黯黯如烏木。此最奇古也。

古斷紋

古琴以斷紋爲證，不歷數百年不斷。有梅花斷，其紋如梅花，此爲最古。有牛毛斷，其紋如髮，千百條者。有蛇腹斷，其紋橫截琴面，相去或一寸，或半寸許。有龍紋斷，其紋圓大。有龜紋，冰裂紋者，未及見之。蓋諸漆器無斷紋，而琴獨有之者，以他器用布漆，而琴無布；他器安靜，而琴日夜爲絃所激也〔一八〕。

古琴灰

觀合縫處無隙不散，斷紋過肩，此漆灰琴也。若上下有紋，兩傍光漆者，乃開而復合，重漆補者，此料灰琴也。

古琴材

琴材以桐面梓底者爲上。純桐以一木置之水上，取上半浮者爲面，下半沉者爲底，亦陰陽材也。若底面皆用浮者，謂之純陽琴。古無此製，近世爲之。取其暮夜陰雨彈之，聲不沉也，然必不能達遠，聲亦不實。桐面杉底者，無足取也。桐木近寺觀聞鐘鼓聲者，最佳。吴中懿王得天台寺中對瀑布泉屋柱，斲二琴，一號洗凡，一號清絶，爲曠代之寶，過於精金美玉也。

琴軫

玉者不爲之華，有花則易轉素，不受污。紫檀、犀角者，亦可。

琴徽

琴以金玉爲徽，示重器也，然每爲琴災。不若以産珠蚌爲徽，清夜彈之，得月光相映，愈覺明朗，光彩射目，取音了然，觀亦不俗。若老翁清夜不寐，以琴消遣，如用金蚌爲徽，則有光色，燈月炫目，不便老視，惟白日照之無光爲宜。

琴絃

絃絲，蜀中爲上，秦中、洛下爲次，山東、江淮爲下，此由水土使然也。今只用白色柘絲爲上，秋蠶次之。絃取冰者，以素質有天然之妙，若朱絃，則微色所滯，稍濁，而失其本真也。

琴臺

以河南鄭州所造古郭公磚，長僅五尺，闊一尺有餘，上有方勝，或象眼花紋，用鑲琴臺，長過琴一尺，高二尺八寸，闊容三琴，以堅漆塗之。或用維摩式，高一尺六寸，坐用胡牀，兩手更便運動，高或費力，不久而困也。嘗見一琴臺，用紫檀爲邊，以錫爲池，於臺中置水蓄魚，上以水晶板爲面，魚戲水藻，儼若出聽，爲世所稀。

琴室

宜實不宜虛，最宜重樓之下，蓋上有樓板，則聲不散；其下空曠，則聲透徹。若高堂大廈，則聲散漫，斗室小軒，則聲不達。如平屋中，則於地下埋一大缸，缸中懸一銅鍾，上用板鋪，亦可。幽人逸士，或於喬松修竹、巖洞石室，清曠之處，地清境寂，更有泉石之勝，則琴聲愈清，與廣寒月殿何異哉？

唐琴

蜀中有雷文、張越二家，製琴得名，其龍池、鳳沼間，有舷餘處悉窪。令關聲而不散。

宋琴

宋有琴局，製有定式，謂之官琴，餘悉野斲。有施木舟者，造琴得名，斷紋漸去。

元琴

有朱致遠，造琴精絶。今之古琴，多属施、朱二氏者。

國朝琴

成化間有豐城万隆，弘治間有錢塘惠祥、高騰、祝海鶴擅名，當代人多珍之。又樊氏、路氏琴，京師品爲第一。大抵琴以音爲主，其音善矣，又何必拘拘以爲古哉？

蕉葉琴

取蕉葉爲琴之式，製自祝海鶴，甚佳。

百衲琴

偶得美材，短不堪用，因而裁成片段，膠漆綴長，非好奇也。今倣製者，以龜紋錦片，錯以玳瑁、象牙、香料、雜木，嵌骨爲紋，鋪滿琴體，名曰寶琴。與廣中、滇南蚼嵌、琵琶何異？更可笑也。近有銅琴、石琴、紫檀、烏木者，皆失琴旨，雖美何取？

挂琴

不論寒暑，不可挂近風露日色中，及磚牆泥壁之處，恐惹濕潤，琴不發聲。宜木格布骨紙屏，當風透處挂之，加以囊盛，以遠塵垢。或置牀上被中，以近人氣爲佳。

琴匣

貴窄，小止可容琴，不使中空搖動。梅月未至，須先以琴入匣中鎖閉〔一九〕，以紙糊口，不令濕黴着琴。

抱琴

當語童僕，勿令横抱，恐觸物致損，須按古今人抱琴二勢，方稱雅觀。

對鶴

彈琴欲鶴舞。鶴未必能舞，觀者閧然，誠非雅致之事。

對月

春、秋二候，天氣澄和，人亦中夜多醒，萬籟咸寂，月色當空，横琴膝上，時作小調，亦可暢懷。

對花

宜共巖桂、江梅、茉莉、薝蔔〔二〇〕、建蘭、夜合、玉蘭等，花清香而色不豔者爲雅。

臨水

鼓琴，偏宜於松風、澗響之間，三者皆自然之聲，正合類聚。或對軒窗、池沼，荷香樸人；或水邊林下，清漪芳沚，微風灑然，游魚出聽，此樂何極。

焚香

香清煙細，如水沉生香之類，則清馥韻雅。最忌龍涎，及兒女態香。

盥手

彈琴須先盥手，則絃不受污。夏月惟宜早晚，午則不可，非惟汗溽，恐太燥脆絃。

露下

乘露彈琴，不可久坐，不惟潤絃，抑且傷人。且陽材鼓之有聲，陰材則無聲矣。

飲酒

彈琴之人，風致清楚，但宜啜茗，間或用酒發興，不過微有醺意而已。若堆醴酪、羅葷膻，蕩情狂飲，致成醉者之狀以事琴，此大醜，最宜戒也。

琴壇十友

冰絃、玉軫、軫函、玉足、絨刓、琴薦、錦囊、琴牀、琴匣、替指以鶴翎造火烙爲之。此臞仙製也。

劍

自古各物之製，莫不有法傳流，獨鑄劍之術不傳，典籍亦不之載。故今無劍客，而世少名劍。今所見有屈之如鈎，縱之鏗然有聲，復直如絃，亦非常鐵能爲也。吾輩設此，縱不能以禦暴敵强，亦可壯懷志勇。不得古劍，即今之賔劍。如雲南製者，懸之高齋，俾豐城隱氣，化作紫電白虹，上燭三台斗垣，令熒熒夜光，爍彼攙搶慧孛，不敢横熖逞色，豈果迂哉。

校勘記

〔一〕「氣韻生動」，續四庫本、秘笈本「韻」均作「運」，據龍威本、説庫本、叢集本改。

〔二〕「皆用作裱背」，續四庫本、秘笈本「裱背」作「表首」，據龍威本、説庫本、叢集本改。

〔三〕「裝褙」，續四庫本、秘笈本「褙」均作「揹」，「損」均作「捐」，據龍威本、説庫本、叢集本改。

〔四〕「古紙」，龍威本、説庫本、叢集本作「南北紙」。

〔五〕「松江譚箋」，續四庫本、秘笈本「譚」均作「潭」，據龍威本、説庫本、叢集本改。

〔六〕「有舊裱畫卷綿紙」，續四庫本、秘笈本「有」均作「折」，據龍威本、説庫本、叢集本改。

〔七〕「造葵箋法」，續四庫本、秘笈本均脱此條，據龍威本、説庫本、叢集本補。

〔八〕「染宋箋色法」，續四庫本、秘笈本均脱此條，據龍威本、説庫本、叢集本補。
〔九〕「染紙作畫不用膠法」，續四庫本、秘笈本均脱此條，據龍威本、説庫本、叢集本補。
〔一〇〕「造搥白紙法」，續四庫本、秘笈本均脱此條，據龍威本、説庫本、叢集本補。
〔一一〕「造金銀印花箋法」，續四庫本、秘笈本均脱此條，據龍威本、説庫本、叢集本補。
〔一二〕「造松花箋法」，續四庫本、秘笈本均脱此條，據龍威本、説庫本、叢集本補。
〔一三〕「昔晉唐之書」，續四庫本、秘笈本「昔」均作「若」，據龍威本、説庫本、叢集本改。
〔一四〕「古製墨法」，續四庫本、秘笈本均脱此條，據龍威本、説庫本、叢集本補。
〔一五〕「朱萬初墨」，續四庫本、秘笈本均脱此條，據龍威本、説庫本、叢集本補。
〔一六〕「筆經」，續四庫本、秘笈本均脱此條，據龍威本、説庫本、叢集本補。
〔一七〕「客窗夜話」，龍威本、説庫本、叢集本「客」均作「雪」。
〔一八〕「爲絃所激」，續四庫本、秘笈本「激」均作「徼」，據龍威本、説庫本、叢集本改。
〔一九〕「須先以琴入匣中鎖閉」，續四庫本、秘笈本「鎖」均作「鎮」，據龍威本、説庫本、叢集本改。
〔二〇〕「簷葡」，續四庫本、秘笈本「葡」均作「蔔」，據龍威本、説庫本、叢集本改。

考槃餘事卷三

香

香之爲用，其利最溥。物外高隱，坐語道德，焚之可以清心悦神。四更殘月，興味蕭騷，焚之可以暢懷舒嘯。晴窗榻帖，揮麈閒吟，篝燈夜讀，焚以遠辟睡魔，謂古伴月可也。紅袖在側，密語談私，執手擁爐，焚以薰一熱意〔一〕，謂古助情可也。坐雨閉窗，午睡初足，就案學書，啜茗味淡，一爐初爇，香靄馥馥撩人，更宜醉筵醒客。皓月清宵，冰絃戛指，長嘯空樓，蒼山極目，未殘爐爇，香霧隱隱遶簾，又可祛邪辟穢。隨其所適，無施不可。品其最優者，伽南止矣。第購之甚艱，非山家所能卒辦。其次莫若沉香，沉有三等，上者氣太厚，而反嫌於辣；下者質太枯，而又涉於煙；惟中者約六七分一兩，最滋潤而幽甜，可稱妙品。煮茗之餘，即乘茶爐火便，取入香鼎，徐而爇之，當斯會心景界，儼居太清宫，與上真游，不復知有人世矣。噫！快哉。近世焚香者，不博真味，徒事好名，兼以諸香合成，鬬奇爭巧，不知沉香出於天然，其幽雅沖澹，自有一種不可形容之妙。若修合之香，既出人爲，就覺濃豔，即如通天熏冠、慶真龍涎、雀頭等項，縱製造極工，本價極費，決不得與沉香較優劣，亦豈貞夫高士所宜耶！

棋楠香

有糖結果棋楠，鋸開，上有油，如飴糖，黑白相間，黑如墨，白如燥米。焚之，初有羊羶微氣。有金絲棋楠，色黄，止有縚〔二〕，若金絲，惟糖結爲佳。

角沉香

質重，劈開如墨色者佳，不在沉水，好速亦能沉也。有以碎沉香轃煉成大塊，以市於人，當細辨之。

片速香

俗名鯽魚片，雉鷄斑者佳。有僞爲者，亦以重實爲美。

唵叭香

一名黑香，以軟淨色明者爲佳。手指可撚爲丸者，妙甚。惟都中有之。

角香〔三〕

俗名牙香，以面有黑爛色者爲鐵面，純白不烘焙者爲生香。其生香之味妙甚，在廣中，價亦不輕。

降真香

紫實爲佳，茶煮出油焚之。

白膠香

有如明條者佳。

黄檀香

黄實者佳。茶浸，炒黄去腥。

芙蓉香

京師劉鶴製妙。

蒼朮

句容茅山産，細梗如猫糞者佳。

萬春香

内府者佳。

蘭香

以魚子蘭蒸低速香、牙香塊者佳。近以木香滚竹棍蒸者[四]，惡甚。

安息香

都中有數種，總名安息。其最佳者，劉鶴所製月麟香、聚仙香、沉速香三種，百花香即下矣。

龍挂香

有黄、黑二品。黑者價高，惟内府者佳，劉鶴所製，亦可。

甜香

惟宣德年製，清遠味幽可愛。燕市中貨者，罈黑如漆，白底上有燒造年月，每罈二三斤。有錫罩蓋罐子，一斤一罈者，方真。

黃香餅

王鎮住東院所製，黑沉色無花紋者，佳甚。僞者色黃，惡極。

黑香餅

劉鶴二錢一两者佳。前門外李家，印各色花巧者，亦妙。

京線香

前門外李家第二分，每束價一分，佳甚。

龍樓香

内府者佳。

玉華香

武林高深甫所製。

煖閣香

有黄、黑二種，劉鶴製佳。

黑芸香

河南短束城、上王府者佳。

香爐

官、哥、定窑，龍泉、宣銅、潘銅、彝爐、乳爐，大如茶杯而式雅者爲上。

香盒

有宋剔梅花蔗段盒。金銀爲素，用五色膝胎刻法，深淺隨粧，露色如紅色緑葉、黄心黑石之類，奪目可觀。有定窑、饒窑者，有倭盒三子、五子者。有倭撞可携游，必須子口緊密，不泄香氣方妙。

隔火

銀錢雲母片、玉片、砂片俱可，以火浣布如錢大者，銀鑲周圍作隔火，尤難得。凡蓋隔火，則炭易滅，須於爐四圍用筯直捌數十眼，以通火氣周轉方妙。爐中不可斷火，即不焚香，使其長温，方有意趣。且灰燥易燃，謂之靈灰，其香盡餘塊，用磁盒，或古銅盒收起，可投入火盆中薰焙衣被。

匙箸

雲間胡文明製者佳。南都白銅者，亦適用。金玉者，似不堪用。

箸瓶

吴中近製，短頸細孔者，插箸下重不仆。古銅者，亦佳。官、哥、定窑者，不宜日用。

香盤

紫檀、烏木爲盤，以玉爲心，用以插香。

袖爐

書齋中薰衣炙手、對客常談之具。如倭人所製漏空罩蓋漆鼓，可稱清賞。今新製有罩蓋方圓爐，亦佳。

筆格

玉筆格有山形者，有臥仙者，有舊玉子母猫，長六七寸，白玉作母，横臥爲坐，身負六子起伏爲格。有純黄、純黑者，有黑白雜者，有黄黑爲玳瑁者，因玉玷污，取爲形體，扳附眠抱，諸態絶佳，真奇物也。銅者，有鏒金雙螭挽格，精甚。有古銅十一峯頭爲格者，有單螭起伏爲格者。窑器有哥窑三山、五山者，製古色潤，有白定臥花哇，瑩白精巧。木者，有老樹根枝蟠曲萬狀，長止五六七寸，宛若行龍，鱗角爪牙悉備，摩弄如玉，誠天生筆格。有棋楠、沉速，不俟人力者，尤爲難得。石者，有峰嵐起伏者，有蟠屈如龍者，以不假斧鑿爲妙。

研山

始自米南宫，以南唐寶石爲之，圖載《輟耕録》，後即効之。大率研山之石，以靈璧、英石爲佳，他石紋片粗大，絶無小樣曲折屼嵂、森聳峯巒狀者。嘗見宋人靈璧研山，峯頭片段，如黄子久皴法，中有水池錢大，深半寸許，其下山脚生水一帶，色白而起磥砢，若波浪。然初非人力僞爲，此真可寶。又見一樂石研山，長八寸許，高二寸，四面米粞包裹，而巒頭起伏作狀，尤更難得。

筆牀

筆牀之製，行世甚少。有古鎏金者，長六七寸，高寸二分，闊二寸餘，如一架，然上可臥筆四矢。以此爲式，用紫檀、烏木爲之，亦佳。

筆屏

有宋内製方圓玉花板，用以鑲屏、插筆最宜。有大理舊石，方不盈尺，儼狀山高月小者；東山月上者，萬山春靄者，皆是天生，初非紐捏。以此爲毛中書屏翰，似亦得所。蜀中有石，解開有小松形，松止高二寸，或三五十株，行列成徑，描畫所不及者，亦堪作屏。取極小名畫，或古人墨跡鑲之，亦奇絶。

筆筒

湘竹爲之，以紫檀、烏木，稜口鑲坐爲雅，餘不入品。

筆船

有紫檀、烏木，細鑲竹篾者，精甚。有以牙玉爲之者，亦佳。此與直方并用，不可缺者。

筆洗

玉者，有鉢盂洗、長方洗、玉環洗，或素或花，工巧擬古。銅者，有古鎏金小洗，有青緑小盂，有小釜、小卮、匜，此五物原非筆洗，今用作洗，最佳。陶者，有官、哥元洗，葵花洗，磬口元肚洗，四捲荷葉洗，捲口蔗段洗，絛環洗，長方洗，但以粉青紋片朗者爲貴。有龍泉雙魚洗，菊花瓣洗，鉢盂洗，百折洗；有定窑三箍元洗，梅花洗，絛環洗，方池洗，柳斗元洗，元口儀稜洗；有中盞作洗，邊盤作筆覘者；有宣窑魚藻洗，葵瓣洗，磬口洗，鼓樣青剔白螭洗。近日新作甚多，製亦可觀，似未入格。

筆覘

有以玉碾片葉爲之者，古有水晶淺碟。有定窑匾坦小碟最多，俱可作筆覘，更有奇者。

水中丞

玉者，有陸子岡製，其碾獸面錦地，與古尊罍同，亦佳器也。有古玉如中丞，半受血侵元口瓮，腹下有三足，大如一拳，精美特甚，乃殉葬之物，古人不知何用，今作中丞，極佳。銅者，有宣銅雨雪沙金，製法古銅瓿者，樣式甚美；有古銅小尊罍，儆口、元腹、細足，高三寸許，以作中丞，特佳。陶者，有官、哥瓮肚元式；有鉢盂小口式者；有儀稜肚者；有青東磁菊瓣瓮肚元足者；有定窑印花長樣如瓶，但口僘可以貯水者；有元肚、束口、三足者；有龍泉瓮肚，周身細花紋者〔五〕。近用新燒均窑，俱法此式，奈不堪用。

水注

玉者，有元壺、方壺。有陸子岡製白玉辟邪，中空貯水，上嵌青緑石片，法古蕉形，滑熟可愛。有蟾蜍注，擬寶晋齋舊式，亦佳。銅者，有古青緑天鷄壺，有金銀片嵌天鹿，妙甚。有半身鸕鷀杓，有鎏金雁壺，有江鑄眠牛，以牧童騎跨作注管者，亦佳。但銅性猛烈，貯水久則有毒，多脆筆毫，又滴上有孔受塵，所以不清。今所見犀牛、天禄之類，口啣小盂者，皆古人注油點燈，非水滴也。陶者，有官、哥方圓壺，有立瓜、臥瓜壺，有雙桃注，有雙蓮房注，有牧童臥牛者，有方者，有筆格内貯水用者，有定窑枝葉纏擾瓜壺，有蒂葉茄壺，有駝壺，可格筆，有蟾注，有青冬磁天鷄壺，底有一竅者，有宣窑五采桃注、石榴注、雙瓜注。彩色類生有雙鴛注、鵝注，工緻精極，俱可入格。

研匣

不可用五金。蓋石乃金之所自出，若同處則子盈母氣，及能燥石。以紫檀、烏木、豆瓣楠及雕紅退光漆者，爲佳。

黑匣

以紫檀、烏木、豆瓣楠爲匣，多用古人玉帶花板鑲之。亦有舊做長玉螭虎人物嵌者爲最。有雕紅黑退光漆，亦佳。

印章

有古之鎏金、塗金、細錯金銀，及商金、青緑銅章〔六〕，有金者，玉者，瑪瑙、琥珀、寶石者。有哥窑、官窑、青冬窑者，其製作之巧、鈕式之妙，不可盡述。古玉章用力精到，篆文筆意，不爽絲髮，此必昆吾刀刻也。即漢人雙鈎碾玉之法，亦非後人可擬，故玉章更爲賞鑒家珍重。青田石中有瑩潔如玉，照之燦若燈輝，謂之燈光石，今頓踊貴，價重於玉，蓋取其質雅易刻，而筆意得盡也。今亦難得。近刻玉章，并無昆吾刀蟾酥之説，惟用真菊花鋼煆而爲刀，闊五分、厚三分，刀口平磨，取其平尖鋒頭爲用，將玉章書篆文，以木架鈐定〔七〕，用刀隨文鐫之，一刀弗入，再鍥一刀，多則三鍥，玉屑起矣，但不可以力勝之，則滑而難刻。運刀以腕，更置礪石於傍，時時磨刀，使鋒鋩堅利，無不勝也，別無他術。今之鍥家，以漢篆刀筆自負，將字畫殘缺刻損邊傍，謂有古意。不知顧氏印藪六帙，可謂遍括古章，内無十數傷損，即有傷痕，乃入土久遠，水銹剥蝕，或貫泥沙剔洗損傷，非古文有此。欲求古意，何不法古篆法、刀法，而竊其傷損形似，可發大噱，若諸名家，自無此等。

圖書匣

有宋剔新剔者，有填漆者，有紫檀鑲嵌玉石者，有豆瓣楠者。近有退光素漆者，何文如之，亦堪日用。

印色池

官、哥窑方者，尚有八角、委角者，最難得。定窑方池，外有印花紋佳甚[八]，此亦少者。諸玩器，玉當較勝於磁，惟色印池以磁爲佳，而玉亦未能勝也。故今官、哥、定窑者，貴甚。近日新燒有蓋白定長方印池，并青花白地純白者，此古未有，當多蓄之。且有長六七寸者，佳甚。玉者，有陸子岡做周身連蓋滚螭白玉印池，工緻侔古，近多效製。有三代玉方池，内外土銹血侵四裹，不知何用，今以爲印池，似甚合宜。

糊斗

有古銅小提卣，如一拳大者[九]，上有提梁索股，有蓋盛糊，可免鼠竊。有古銅元瓮，肚如酒杯式，下乘方座，且體厚重，不知古人何用，今以爲糊斗，似宜。有古銅三箍長桶，下有三足，高二寸許，甚宜盛糊。陶者，有建窑外黑内白長罐，定窑元肚并蒜蒲長礶，有哥窑方斗如斛，中置一梁，俱可充作糊斗。銅者便於出洗，價當高於磁、石。

蠟斗

古人用以炙蠟緘啟，銅製頗有佳者，皆宋元物也。今雖用糊，當收以備數。

鎮紙

銅者，有青緑蝦蟆，有遍身青緑蹲虎、蹲螭、眠龍〔一〇〕，有坐臥哇哇，有鎏金辟邪、臥馬，皆上古物也。玉者，有古㲋，古人用以掙肋殉葬者；有白玉獵狗，有臥螭，有大樣坐臥哇哇，有玉兔、玉牛、玉馬、玉鹿、玉羊、玉蟾蜍，其背斑點如灑墨，色同玳瑁無黃暈，儼若蝦蟆背狀，肚下純白，其製古雅肖生，用爲鎮紙，摩弄可愛。瑪瑙，有日月瑪瑙石鼓，有栢枝瑪瑙蹲虎辟邪，有紅緑瑪瑙蟹，可爲奇絶。水晶者，有石鼓，海黃眠牛，捧瓶波斯。陶者，有哥窑蟠螭，有青冬磁獅鼓〔一一〕，有白定哇哇〔一二〕、狻猊。

壓尺

有玉碾雙螭尺；　有以紫檀、烏木爲之，上用古做蹲螭玉帶、抱月玉免、走獸爲紐者；　有倭人鋈金銀壓尺，古所未有，尺狀如常，上以金鋈雙桃銀葉爲紐，面以金銀鋈花，皆絲環細嵌，工緻動色。更有一竅透開，内藏抽斗，中有刀、錐、鑷刀、指剉、刮齒、消息、乞耳、剪子，收則一條，掙開成剪，謂之「八面埋伏」，盡於斗中收藏。近有潘鐵，幼爲浙人，被虜入倭，性最巧滑，習倭之技，在彼十年，其鑿嵌金銀倭花樣式，的傳倭製，後以倭敗還省，徙居雲間，所製甚精，而價亦甚高。

秘閣

有以長樣古玉璏爲之者。近以玉碾螭文、臥蠶、梅花等樣，長六七寸者。有以紫檀雕花者。有以竹雕花巧人物者。有倭人造黑漆秘閣，如圭元首方，下闊二寸餘，肚稍虛起，恐惹字黑，長七寸，上描金泥花樣[一三]，其質輕如紙，爲秘閣上品。

貝光

多以貝螺爲之，形狀亦雅。有古玉物中如大錢元泡，高起半寸許，傍有三耳可貫，不知何物，以爲貝光，雅甚。有以紅瑪瑙製爲一桃稍匾，下光可砑紙，上有桃葉枝梗。凡水晶、玉石，可倣爲之。

靉靆

如大錢，色如雲母。老人目力昏倦，不辨細書，以此掩目，精神不散，筆畫倍明。出西域滿利國。《方洲雜録》。

裁刀

有古刀筆，青緑裹身，上尖下環，長僅尺許，古人用以殺青爲書，今人入文具似雅。有姚刀可入格。近有崇明刀頗佳，刀靶惟西番鸂鶒木，最爲難得，取其不染肥膩。其木一半紫褐色，内有蟹爪紋，一半純黑，色如烏木，有距者價高。山西澤潞，有不灰木，作靶亦妙。

剪刀

有賓鐵剪刀，製作極巧，外面起花鍍金，裡面嵌回回字者，如潘鐵，所遺。倭製摺疊剪刀，古所未有，有則寶之，後世必有好尚之者。

途利

小文具匣一，以紫檀爲之，内藏小裁刀、錐子、穵耳、挑牙、消息、修指甲刀、剉指、剔指刀、髮刡、鑷子等件，旅途利用，似不可少。

書燈

有古銅駝燈、羊燈、龜燈、諸葛軍中行燈、鳳龜燈，有元燈，有青緑銅荷一片，檠駕花朵於上，想取古人金蓮之意，用亦不俗。陶者，有定窑三臺燈檠，有宣窑两臺燈檠，俱堪書室取用。

鏡

秦陀黑漆古光，背質厚無紋者爲上，水銀古花背者次之。俗謂面無打攪，輪轉周圓，形影不改爲貴。有如錢小鏡，滿背青緑，嵌銀嵌金五嶽圖及片子鏉花，面無瘢痕，清瑩如水，極可人意，價亦高貴，似不易得。携具用之山游寺宿，亦不可少。菱花、八角、方鏡，悉不取也。

軒轅鏡

其形如毬，可作卧榻前懸挂，取以辟邪。蓋山精木魅，皆能使形變，而不能使鏡中之形變，其形在鏡，則銷亡退走，不能爲害。

香櫞盤

香櫞出時，山齋最要一事，得官、哥、定窑大盤，青冬磁龍泉盤，古銅青緑盤，宣德暗花白盤，蘇麻尼青盤，朱砂紅盤，青花盤，白盤數種，以大爲妙。每盆置櫞二十四頭，或十二、十三頭，方足香味，滿室清芬。其佛前小几，上置香櫞一頭之橐，舊有青冬磁架、龍泉磁架最多，以之架玩，可堪清供。否則以舊硃雕茶橐亦可，惟小様者爲佳。

布泉

古之有堆積青緑錢，以金嵌「貨布」等字者，可作界畫軸。

鈎

古銅腰束絛鈎，有金、銀碧填嵌者，有片金商者，有用獸面爲肚者，皆三代物也。

有羊頭鈎、螳螂捕蟬鈎,鏒金者,皆秦漢物也。齋中以之懸壁,挂畫挂劍,及拂塵等用,甚雅。自一寸以至盈足,皆可用。

簫

鶴脚銅鐵玉簫、杖簫,總不若紫竹。九節而吹,有奇聲者佳。湘竹眉緑,九節者,尤更難得。今會稽胡了凡,雲間戈蓼汀所製,可稱江南二絶。

麈

古人以玉爲柄,用以對客清談者。近有天生竹邊,若靈芝、如意形者,有小萬歲藤,傍枝玲瓏透漏,儼肖龍形者,製爲麈柄,甚雅。其拂以白尾爲之妙。

如意

古人用以指畫向往,或防不測。煉鐵爲之,長二尺有奇,上有銀錯,或隱或現,真宣和舊物也。近有天生樹枝、竹鞭，磨弄如玉，不事斧鑿者，亦佳。

詩筒葵牋

採帶露蜀葵研汁，用布揩抹竹紙上，伺少乾，以石壓之，可爲吟箋。以貯竹筒，與騷人往來賡唱。昔白樂天與微之亦嘗爲之，故和靖詩，有「帶斑猶恐俗，和節不妨山」之句。

韻牌

刻詩韻上下二平聲爲紙牌式，每韻一葉，總三十葉。山游分韻，人取一葉，吟以用韻，似甚便覽。

葉牋

取吴中羅紋長箋爲之，以蠟板砑肖葉紋，用剪裁成。紅色者肖紅葉，緑色者肖蕉沉，自多幽趣。

葉，黄色者肖貝葉。山游時偶得絶句，書葉投空，隨風飛颺；泛舟付之中流，逐水浮

花尊

古銅花瓶，入土年久，受土氣深，以之養花，花色鮮明。或就瓶結實，陶玉器亦然。其式以膽瓶、小方瓶爲最。若養蘭蕙，須用觚。牡丹則用薄槌瓶方稱，瓶内須打錫套管，收口作一小孔，以管束花枝，不令斜倒。又可注滚水，插牡丹、芙蓉等花，冬天貯水插花，則不凍損瓶質。

瓢

有瘿瓢，形如芝如瓠者，山人携以飲泉，大不過四五寸，而小者半之。惟以水磨其中，布擦其外，光彩如漆，明亮燭人。雖水濕不變，塵污不染，庶入精鑒。有小匾葫蘆，可作瓢，須摸弄瑩潔方妙。

藥籃

即水火籃也，有以二匾瓢爲之。有遠紅漆者，上開一蓋，放丹爐一箇，内實應驗藥膏藥，以便隨處濟人。山童携之，有物外風致。

衣匣〔一四〕

以皮護杉木爲之，高五六寸，蓋、底不用板幞，惟布裡皮面，軟而可舉。長闊如氈包式，少長一二寸。攜於春時，内裝綿夾便服，以備風寒驟變。夏月裝以夾衣。秋與春同。冬則綿服、煖帽、圍項等件。匣中更帶搔背、竹靶并鐵如意。以便取用。

疊桌〔一五〕

二張。一張高一尺六寸，長三尺二寸，闊二尺四寸，作二面拆脚活法，展則成桌，疊則成匣，以便攜帶。席地用此擡合，以供酬酢。其小几一張，同上疊式，高一尺四寸，長一尺二寸，闊八寸，以水磨楠木爲之。置之坐外，列爐焚香，置瓶插花，以供清賞。

提盒〔一六〕

高總一尺八寸，長一尺二寸，入深一尺，式如小廚，爲外體也。下留空，方四寸二分，以板閘住，作一小倉，内裝酒杯六、酒壺一、筯了六、勸杯二。空作六合，如方合底，每格高一寸九分。以四格，每格裝碟六枚，置菓殽供酒觴。又二格，每格裝四大碟，置鮭菜供饌筯。外總一門，裝卸即可關鎖。遠宜提，甚輕便，足以供六賓之需。

提爐〔一七〕

式如提盒。高一尺八寸，闊一尺，長一尺二寸，作三撞。下層一格，如方匣，内用銅造水火爐，身如匣方，坐嵌匣内。中分二孔，左孔注火，置茶壺以供茶；右孔注湯，置一桶子，小鑊有蓋，頓湯中煮酒。長日午餘，此鑊可煮粥供客。傍鑿一小孔，出灰進風。其壺鑊迥出爐上，太露不雅，外作如下格方匣一格，但不用底，以罩之，使壺鑊不外見也。一虛一實，共二格上加一格，置底蓋以裝炭，總三格成一架，上可箾關，與提盒作一副也。

備具匣〔一八〕

以輕木爲之，外加皮包厚漆如拜匣，高七寸，闊八寸，長一尺四寸。中作一替，上淺下深，置小梳匣一，茶盞四，骰盆一，香爐一，香盒一，茶盒一，匙筯瓶一。上替内小硯一，墨一，筆二，小水注一，水洗一，圖書小匣二，骨牌匣一，骰子枚馬盒一，香炭餅匣一。途利文具匣一，内藏裁刀、錐子、挖耳、挑牙、消息、肉叉、修指甲刀銼、髮刡等件。酒牌一，詩韻牌一。詩筒一，内藏紅葉各箋，以録詩。下藏梳具匣者，以便山宿。外用關鎖以啟閉，攜之山游，亦似甚備。

酒尊〔一九〕

注酒遠游，古有窑器甚佳，銅提次之，近以錫造者惡甚。余意磁者負重，銅者有腥，不若蒲蘆作具，内用堅漆，挾之遠游，似甚輕便。山游當與已上三物，束以二架，共作一肩，彼此助我逸興。

鐘

得古銅漢鐘，聲清韻遠者，佐以石磬，懸之齋堂。所謂「數聲鐘磬是非外，一個閒人天地間」是也。

磬

有舊玉者，股三寸，長尺餘，古之編磬也。有古靈璧石，色黑性堅者妙。懸之齋中，客有談及人間事，擊之以代清耳。靈璧石能收香煙，可終日不散。

杖

有方竹上生九節，其崇不滿七尺，有棕竹、合竹之字竹，俱可作杖，有三代時立鳩、飛鳩，周身金銀填嵌，用以飾杖，上懸二三寸長小葫蘆、小靈芝，及《五嶽圖卷》，暮年携之探奇歷怪，多有相長之益。若萬歲藤藜藿爲杖，形雖奇怪，此爲老衲行具，恐非山人家扶老也，姑置弗取。鳩者，老人多咽，鳩能治咽之義。

葫蘆

有天生一寸小葫蘆，用以綴爲衣紐，又可懸於念珠，有物外風致，若用杖頭挂帶盛藥，二三寸葫蘆亦妙。其長腰鷺鷥葫蘆，可懸藥籃左畔，又可爲鷺瓢吸飲，有小匾葫蘆可爲冠及瓢，俱以生相周匝，摸弄精神，無汗氣方妙。

五嶽圖

篆法有二，一出唐鏡，一出《道藏經》。以玉篆圖琢爲方圈，綴於漢唐巾两傍，帶之甚雅。以黄素朱書，裱作三四寸高小卷，飾以玉軸錦帶，懸之杖頭。與葫蘆作伴，可拒虎狼，可遠魑魅，謂非負圖先生輩歟。

榻

高一尺二寸，長七尺有奇，横如長之半，周設木格，中實湘竹。置之高齋，可作午睡〔二〇〕，夢寐中如在瀟湘洞庭之野。有大理石鑲者，或花楠者，或退光黑漆中刻竹，以粉填之，儼如石榻者，佳。

短榻

高九寸，方圓四尺六寸，三面靠背，後背少高如傍。置之佛堂、書齋閒處，可以坐禪習靜，共僧道談玄，甚便斜倚，又曰彌勒榻。

禪椅

嘗見吴破瓢所製，採天台藤爲之。靠背用大理石，坐身則百衲者，精巧瑩滑無比。

隱几

以怪樹天生屈曲，若環帶之半者爲之。横生三丫作足，出自天然，摩弄瑩滑。置之蒲團或榻上，倚手頓顙可臥，書云「隱几而臥」者，此也。

坐墩

冬月用蒲草爲之，高一尺二寸。四面編束細密，且甚堅實，内用木車坐板，以柱托頂，久坐不壞。暑月可置藤墩，如畫上者佳。

坐團

有蒲團，大徑三尺者，席地快甚。吴中製者，精妙可用。棕團亦佳。或以青氈爲團，中印白梅一枝，雅稱趺坐。山椒翫月，以雄黄熬蠟，作蠟布團，坐之可遠濕、辟蟲蟻。

滚凳

以木爲之，長二尺，闊六寸，高如常。四桯鑲成，中分一鐺，内二空，中車圓木二根，兩頭留軸轉動，凳中鑿竅活裝，以脚踹軸，滚動往來。蓋湧泉穴精氣所生之地，故必以運動爲妙。

禪燈

高麗者，佳。有月燈，灼以乳酥，其光白瑩，真如初月出海。有日燈，得火内照，一室皆紅，曉日東升，不是過也。小者尤更可愛，價亦倍於月燈。角者，似不堪用。

校勘記

〔一〕「焚以薰一熱意」，龍威本、説庫本、叢集本「一」均作「心」。

〔二〕「止有綹」，龍威本、説庫本、叢集本「止」均作「上」。

〔三〕「角香」，續四庫本、秘笈本均作「香角」，據龍威本、説庫本、叢集本改。

〔四〕「近以木香滚竹棍蒸者」，龍威本、説庫本、叢集本「木」均作「末」；續四庫本、秘笈本「竹」均作「以」，據龍威本、説庫本、叢集本改。

〔五〕「周身細花紋者」，續四庫本、秘笈本均脱「者」字，據龍威本、説庫本、叢集本補。

〔六〕「青緑銅章」，續四庫本、秘笈本、龍威本、説庫本「章」均作「辛」，據叢集本改。

〔七〕「以木架鈐定」，續四庫本「架」作「架」，據秘笈本、龍威本、説庫本、叢集本改。

〔八〕「印花紋」，續四庫本、秘笈本「紋」均作「文」，據龍威本、説庫本、叢集本改。

〔九〕「如一拳大者」，續四庫本、秘笈本均作「一如拳大者」，據龍威本、説庫本、叢集本改。

〔一〇〕「龍」，續四庫本、秘笈本、龍威本、説庫本均作「龎」，據叢集本改。

〔一一〕「有青冬磁獅鼓」，續四庫本「冬」作「東」，據秘笈本、龍威本、説庫本、叢集本改。

〔一二〕「有白定哇哇」，續四庫本、秘笈本均脱「白」字，據龍威本、説庫本、叢集本補。

〔一三〕「上描金泥花様」，續四庫本、龍威本「描」均作「猫」，據秘笈本、説庫本、叢集本改。

〔一四〕「衣匣」，續四庫本、秘笈本均脱此條，據龍威本、説庫本、叢集本補。

〔一五〕「疊桌」，續四庫本、秘笈本均脱此條，據龍威本、説庫本、叢集本補。

〔一六〕「提盒」，續四庫本、秘笈本均脱此條，據龍威本、説庫本、叢集本補。
〔一七〕「提爐」，續四庫本、秘笈本均脱此條，據龍威本、説庫本、叢集本補。
〔一八〕「備具匣」，續四庫本、秘笈本均脱此條，據龍威本、説庫本、叢集本補。
〔一九〕「酒尊」，續四庫本、秘笈本均脱此條，據龍威本、説庫本、叢集本補。
〔二〇〕「可作午睡」，續四庫本、秘笈本「作」均作「足」，據龍威本、説庫本、叢集本改。

考槃餘事卷四

數珠

有以檀香車入菩提子中孔，着眼引绳，謂之灌香。世廟初，惟京師一人能之，果絶技也。價定一分一子爲格。有金剛子，小而花細者，甚貴。有人頂骨以傍宗眼，血實色紅者爲佳，枯黑爲下。有龍鼻骨磨成者，謂之龍充，色黑，嗅之微有腥香。有玉瑪瑙、琥珀、金珀、水晶、沉香、紫檀、烏木、棕竹琿琚者，亦雅。珊瑚俗甚。記念有宋做玉降魔杵，玉五供養，有定窑豆大葫蘆，有天生一寸小葫蘆，可作記總。

鉢

取深山巨竹，車旋爲鉢，光潔照人，上刻銘字，填以大青，誠道家方物，似不可缺。

番經

嘗見番僧携玉佩經，或皮袋，或漆匣，上有番篆花樣文字。四方三寸，厚寸許。匣外两傍爲耳，繫繩佩服。中有經文朱書，其細密精巧，中華不及，此真梵王物也。當與素珠同携，坐臥西風黃葉中，捧念「西方大聖作，人間有髮僧」，使心神閒靜，妄念自熄，養老之術也。

道扇

有羽扇，有新安竹篾扇，輕便可携，但不宜漆。有紙糊者如篾扇，式亦佳。但有竹根紫檀，妙柄爲美。

枕

舊窑枕長二尺五寸，闊六寸者，可用。長一尺者，謂之尸枕，乃古墓中物，雖宋磁白定，亦不可用。有磁石者，如無大塊，以碎者琢成枕面，下以木鑲成枕，最能明目益睛，至老可讀細書。有以大理石鑲成者，亦佳。有書枕，臞仙所製，用紙三大卷，狀如碗，品字相疊，束縛成枕。每卷綴以朱籤，牙碑下垂，一曰「太清天籙」，一曰「南極壽書」，一曰「蓬萊仙籍」，用以枕於書窗之下最雅。

簟

茭蕈出滿喇加國，生於海之洲渚岸邊，葉性柔軟，鄉人取之織爲細簟。冬日用之，愈覺温煖，夏則蘄州之竹簟最佳。

帳

冬月紙帳，或白厚布，或厚絹爲之。夏月吴中撬紗爲妙。以粗布爲帳，底如綴頂式，紉其三面，前餘半幅下垂，上寫梅花，副以布衾蒲枕、蒲褥。左設几鼎，燃紫藤香，乃相稱「道人還了鴛鴦債，紙帳梅花醉夢間」之意。

紙帳[一]

用藤皮繭紙纏於木上，以索纏緊，勒作皺紋，不用糊，以線折縫縫之。頂不用紙，以稀布爲頂，取其透氣。或畫以梅花，或畫以蝴蝶，自是分外清致。

被

以玉色或蘭花布爲之。上畫蝴蝶飛舞，變態不一，儼存蝶夢餘趣。

臥褥爐

以銅爲之，花文透漏，機環轉運四周，而鑪體常平，可置之被褥。

禪衣

瑣哈剌絨爲之，外紅裡黑，其形似胡羊毛片，縷縷下垂，用布織爲體，其用耐久。來自西域，價亦甚高。惟都中有之，似不易得。

道服

製如中衣，以白布爲之。四邊延以細色布，或用茶褐爲袍，緣以皂布。有月衣鋪地，儼如月形，穿起則披風。以吕公黄絲絛之中空者副之，二者用以坐禪策蹇，披雪避寒，俱不可少。

冠

有鐵者、玉者、竹籜者、犀者、琥珀者、沉香者、瓢者、白螺者。製惟偃月、高士二式爲佳。癭木者，終少風神。

漢唐巾

唐巾之製，去漢式不遠〔三〕。前摺較後兩旁少窄三四分，頂角少方。有純陽巾，亦佳。兩傍製玉圈，右綴一玉瓶，可以簪花。外此，皆非山人所取。

披雲巾

或段或氊爲之。匾巾方頂，後用披肩半幅，内絮以綿。此臞灿所製，爲踏雪衝寒之具。

笠

有細藤作笠，方廣二尺四寸，以皂絹蒙之，綴簷以遮風日，名雲笠。有竹絲爲之，上以檞葉細密鋪蓋，名葉笠。有竹絲爲之，上綴鶴羽，名羽笠，三者最輕便，甚有道氣。

文履

用白布作履，如世俗之鞋。用皂絲縧一條，約長一尺三四許，折中交屈之，以其屈處綴履頭，近底處取起出履頭一二，分而爲二。復綴其餘縧於履面上，雙交如舊畫圖。分其两稍，綴履口两邊緣處，是爲絇。於牙底相接處，用一細絲絛周圍綴於縫中，是爲繶。又以履口納足處，周圍緣以皂絹，廣寸許，是爲純。又於履後綴二皂帶以繫之，如世俗鞋帶，是爲綦。如黑履則用皂布爲之，或白或藍，爲絇、繶、純、綦是也。

雲舃

以蓑草及棕爲之，雲頭如芒鞋，或以白布爲鞋，青布作高挽雲頭。鞋面以青布作條，左右分置，每邊横過六條，以象十二月意。後用青雲，口以青緣，似非塵土中着脚行用〔三〕，當爲山人濟勝之具也。

鶴

鶴，仙禽也。於物爲多壽，感於陽，故鳴於子。雄則聲聞數里，雌則聲下而不揚。江陵鶴澤中多鶴，因以名郡。揚州亦有，惟華亭鶴窠村所出爲得地，蓋自海東飛集於下沙，原非華産，具體高俊，緑足龜文，翔薄雲漢，一舉千里，誠羽族之宗長、仙人之騏驥，他雖有凡格也。相鶴，但取標格奇古，唳聲清亮；頸欲細而長，足欲瘦而節；身欲人立，背欲直削；身橫則類鸛鶖〔四〕，頸肥則類鵝雁矣；隆鼻短口則少眠，高脚踈節則多力；頂若朱紅則善鳴，露眼赤睛則視遠〔五〕；回翎亚膺則體輕，龜背鱉腹則善産；鳳翼雀尾則善飛，輕前重後則善舞，洪髀纖指則善步。蓄之者，當居以茅菴，隣以池沼，飼以魚穀、鰍鱔，勿以熟食飽其腸胃，使乏精彩，而塵倦仙骨。欲教以舞，俟其饑餒，置食於空野，使童子拊掌歡顛，摇首起足以誘之，彼則奮翼而唳，逸足而舞矣。習之既熟〔六〕，一聞拊掌，即便起舞，謂之食化。空林别墅，白石青松，更宜此君，以助清興。

瓶花

堂供須高瓶大枝，方快人意。若山齋充玩，瓶宜短小，花宜瘦巧。最忌繁雜如縛，又忌花瘦於瓶，須各具意態，得畫家寫生折枝之妙，方有天趣。瓶忌有環，忌成對，忌小口、瓮肚、瘦足。藥罈忌用葫蘆瓶，忌粧彩雕花架，忌香煙燈煤燻觸，忌油手拈弄，忌猫鼠傷殘。忌井水貯瓶，味鹹不宜於花，夜則須見天日。忌以插花之水入口，惟梅花、秋海棠二種，其毒尤甚，須防之。

盆玩

盆景，以几案可置者爲佳，其次則列之庭榭中物也。最古雅者，如天目之松，高可盈尺，其本如臂，針毛短簇，結爲馬遠之「欹斜詰曲」、郭熙之「露頂攫拏」〔七〕、劉松年之「偃亚層疊」、盛子昭之「拖拽軒翥」等狀，栽以佳器，槎枒可觀〔八〕。更有一枝两三梗者，或栽三五窠，結爲山林排匝，高下參差，更以透漏窈窕奇名古石筍，安插得體，置諸中庭，對獨本者。若坐岡陵之巔，與孤松盤桓對雙本者，似入松林深處，令人六月忘暑。又如閩中石梅，乃天生奇質，從石本發枝，且自露其根，樛曲古拙，偃仰有態，含花吐葉，曆世不敗，蒼蘚鱗皴，封滿花身。苔鬚垂或長數寸，風飀緑絲，飄飄可玩，煙横月瘦，恍然夢醒羅浮。又如水竹，亦産閩中，高五六寸許，極則盈尺，細葉老幹，瀟疏可人。盆植數竿，便生渭川之想。此三友者，盆几之高品也。次則枸杞，當求老本虬曲，其大如拳，根若龍蛇。至於蟠結，柯幹蒼老，束縛盡解，不露做手，多有態若天生，然雪中枝葉青鬱，紅子扶蘇點點若綴〔九〕，時有「雪壓珊瑚」之號，亦多山林風致。杭之虎茨，有百年外者，止高二三尺，本狀笛管，葉叠数十層。每盆以二十株爲林，白花紅子，其性甚堅。嚴冬厚雪，玩之令人亡餐。更須古雅之盆，奇峭之石爲佐，方愜心賞。至若蒲草一具，夜則可收燈煙，朝取垂露潤眼，誠仙靈瑞品，齋中所不可廢者。須用奇古崑石，白定方窑，水底下置五色小石子數十，紅白交錯，青碧相間，時汲清泉養之，日則見天，夜則見露，不特充玩，亦可辟邪。他如春之蘭花，夏之夜合、黄香萱，秋之黄蜜、矮菊，冬之短葉水仙、美人蕉，佑以靈芝，盛諸古盆，傍立小巧奇石一塊，架以朱几，清標雅質，疎朗不繁，玉立亭亭，儼若隱人君子，清素逼人。相對啜天池茗，吟本色詩，大快人間障眼。

漁竿

江上一簑，釣爲樂事。釣用綸竿，竿用紫竹，綸不欲大，竿不宜長，但絲長則可釣耳。豫章有叢竹，其節長而直，爲竿最佳。長七八尺，敲針作釣，所謂「一釣掣動滄浪月，釣出千秋萬古心」，是樂志也，意不在魚。或於紅蓼灘頭，或在青林古岸，或值西風撲面，或教飛雪打頭。於是披羽簑，頂羽笠，執竿煙水，儼在米芾《寒江獨釣》圖中。比之嚴陵渭水，不亦高哉！

舟

形如剗船，底惟平。長可三丈有餘，頭闊五尺，内容賓主六人、僮僕四人。中倉四柱結頂，幔以蓬簟，更用布幕走簷罩之。兩傍朱欄，欄内以布絹作帳，用蔽東西日色。無日則懸鈎高捲，中置桌凳，列筆牀、香鼎、盆玩、酒具、花尊之屬。後倉以藍布作一長幔，兩邊走簷，前縛以二竹爲柱，後縛船尾〔一〇〕釘兩圈處，以蔽僮僕風日，用二畫槳泛湖棹溪。更着茶灶，起煙一縷，恍若畫圖中一孤航也。别置一小船，如葉繫於柳根陰處，時乎閒暇，執竿把鈎，放乎中流。或於雪霽月明、桃紅柳媚之時，放舟當溜。吹紫簫鐵笛，以動天籟，使孤鶴乘風唳空。或扣舷而歌，飽飡風月，回舟返棹，歸臥松窗，逍遥一世之情，何其樂也。

山齋〔一〕

宜明淨，不可太敞。明淨可爽心神，宏敞則傷目力。中庭列盆景建蘭之嘉者一二本，近窗處蓄金鱗五七頭於盆池内。傍置洗研池一，餘地沃以飯瀋，雨漬苔生，緑褥可愛。遶砌種以翠芸草令遍，茂則青葱欲浮，取薜荔根瘞牆下，灑魚腥水於牆上，腥之所至，蘿必蔓焉。月色盈臨，渾如水府。齋中几榻、琴劍、書畫、鼎研之屬，須製作不俗，鋪設得體，方稱清賞，永日據席，長夜篝燈，無事擾心，儘可終老。僮非訓習，客非佳流，不得入。

藥室

靜屋一間，不聞鷄犬之處。中設一几，供醫仙。置大板桌一，光面堅厚，可以和藥。石磨一，鐵研、乳鉢各一，⿱⿰亞斤土筒一，椿臼一，大、小中篩各一，棕箒一，淨布一，銅鑊一，火扇一，火鉗一，盤秤一，藥櫃一，藥扇一，大、小藥刀一。葫蘆、瓶礶，當多蓄以備用。平時密鎖，以杜不虞。

茆亭〔一二〕

茆亭，以白茆覆之，四搆爲亭。或以棕片覆者，更久。其下四柱，得山中帶皮老棕本四條爲之。不惟淳樸雅觀，且耐久。外護蘭竹一二條，結於蒼松翠蓋之下，修竹茂林之中。雅稱清賞。

花榭〔一三〕

歐陽公《示謝道人種花詩》云：「深紅淺白宜相間，先後仍須次第栽。我欲四時攜酒賞，莫教一日不花開。」余意山人家，得地不廣，開徑怡閒，則四時花品，不可不培植也。

佛堂

内供烏絲藏佛，以金鋈甚厚，慈容端整，結束得真，印結趺跏妙相具足者。案頭以舊磁淨瓶獻花，淨碗酌水，晝爇印香，夜燃石燈。其鐘磬椅榻之數，次第鋪列，人能供禮，亦增善念。

茶寮

構一斗室，相傍書齋，内設茶具。教一童子專主茶役，以供長日清談，寒宵兀坐。幽人首務，不可少廢者。

茶品

與《茶經》稍異，今烹製之法，亦與蔡、陸諸前人不同矣。

虎丘

最號精絶，爲天下冠。惜不多産，皆爲豪右所據，寂寞山家，無繇獲購矣。

天池

青翠芳馨，瞰之賞心，嗅亦消渴，誠可稱仙品。諸山之茶，尤當退舍。

陽羨

俗名羅岕。浙之長興者佳，荆溪稍下。細者其價兩倍天池，惜乎難得。須親自採收，方妙。

六安

品亦精，入藥最效。但不善炒不能發香而味苦，茶之本性實佳。

龍井

不過十數畝，外此有茶似皆不及，大抵天開龍泓美泉，山靈特生佳茗以副之耳。山中僅有一二家，炒法甚精。近有山僧焙者，亦妙。真者，天池不能及也。

天目

爲天池、龍井之次，亦佳品也。地誌云：「山中寒氣早嚴，山僧至九月，即不敢出，冬來多雪，三月後方通行，茶之萌芽較晚」。

採茶

不必太細，細則芽初萌而味欠足。不必太青，青則茶已老而味欠嫩。須在穀雨前後，覓成梗帶，葉微緑色而團且厚者爲上。更須天色晴明，採之方妙。若閩廣嶺南多瘴癘之氣，必待日出山霽，霧障嵐氣收淨，採之可也。穀雨日晴明採者，能治痰嗽，療百疾。

日曬茶

茶有宜以日曬者，青翠香潔，勝以火炒。

焙茶

茶採時，先自帶鍋灶入山，別租一室，擇茶工之尤良者，倍其僱值，戒其搓摩，勿使生硬，勿令過焦，細細炒燥，扇冷方貯罌中。

藏茶

茶宜箬葉而畏香藥，喜温燥而忌冷濕，故收藏之家，先於清明時收買箬葉，揀其最青者，預焙極燥。以竹絲編之，每四片編爲一塊聽用。又買宜興新堅大罌，可容茶十斤以上者，洗淨焙乾聽用。山中焙茶，回復焙一番，去其茶子、老葉、枯焦者，及梗屑，以大盆埋伏生炭，覆以灶中敲細赤火，既不坐煙，又不易過。置茶焙下焙之，約以二斤作一焙，別用炭火入大爐内，將罌懸架其上，至燥極而止。以編箬襯於罌底[一四]，茶燥者，扇冷，方先入罌。茶之燥，以拈起即成末爲驗，隨焙隨入。既滿，又以箬葉覆於罌上，每茶一斤，約用箬二兩。口用尺八紙焙燥封固，約六七層，摳以方厚白木板一塊，亦取焙燥者，然後於向明淨室高閣之。用時以新燥宜興小瓶取出，約可受四五兩，隨即包整。夏至後三日，再焙一次，秋分後三日，又焙一次，一陽後三日，又焙之。連山中其五焙，直至交新，色味如一。罌中用淺，更以燥箬葉貯滿之，則久而不浥。

又法

以中罈盛茶，十斤一瓶，每瓶燒稻草灰入於大桶，將茶瓶座桶中，以灰四面填桶，瓶上覆灰築實。每用，撥開瓶，取茶些少，仍復覆灰。再無蒸壞，次年換灰。

又法

空樓中懸架，將茶瓶口朝下放。不蒸，緣蒸氣自天而下也。

諸花茶

蓮花茶。於日未出時，將半含白蓮花撥開〔一五〕，放細茶一撮，納滿蘂中，以麻皮略縶，令其經宿。次早摘花，傾出茶葉，用建紙包茶焙乾。再如前法，隨意以別蘂製之，焙乾收用，不勝香美。

橙茶。將橙皮切作細絲一斤，以好茶五斤焙乾，入橙絲間和〔一六〕，用密麻布襯墊火廂，置茶於上烘熱〔一七〕。以淨綿被罨之三兩時，隨用建連紙袋封裹，仍以被罨烘乾收用。

木樨、玫瑰、薔薇、蘭蕙、橘花、梔子、木香、梅花，皆可作茶〔一八〕。諸花開時，摘其半含半放、蘂之香氣全者〔一九〕，量其茶之多少〔二〇〕，摘花爲伴。花多則太香而脱茶韻，花少則不香而不盡美。三停茶葉一停花，始稱。假如木樨花，須去其枝蒂，及塵垢蟲蟻，用磁罐，一層茶一層花，投間至滿。紙箬縶固，入鍋重湯煮之，取出待冷，用紙封裹，置火上焙乾收用。則花香滿頰，茶味不減，諸花倣此。已上俱平等細茶拌之，可也。茗花入茶，本色香味尤嘉。

茉莉花。以熟水半杯放冷，鋪竹紙一層，上穿數孔。晚時採初開茉莉花，綴於孔内，上用紙封，不令泄氣，明晨取花簪之，水香可點茶。

擇水

天泉。秋水爲上，梅水次之。秋水白而洌，梅水白而甘。甘則茶味稍奪，洌則茶味獨全。故秋水較差勝之。春、冬二水，春勝於冬，皆以和風甘雨，得天地之正施者爲妙。惟夏月暴雨不宜，或因風雷所致，實天之流怒也。龍行之水，暴而霪者，旱而凍者，腥而墨者，皆不可食。雪爲五穀之精〔二一〕，取以煎茶，幽人清貺。

地泉。取乳泉漫流者，如梁溪之惠山泉爲最勝。取清寒者，泉水不難於清，而難於寒。石少土多，沙膩泥凝者，必不清寒。且瀨峻流駛，而清巖粵陰積而寒者，亦非佳品。取香甘者，泉惟香甘，故能養人，然甘易而香難，未有香而不甘者。取石流者，泉非石出者，必不佳。取山脉逶迤者，山不停處，水必不停，若停即無源者矣，旱必易涸。往往有伏流沙土中者，挹之不竭，即可食，不然則滲瀦之潦耳，雖清勿食。有瀑湧湍急者，勿食，食久令人有頭疾。如廬山水簾、洪州天台瀑布，誠山居之珠箔錦幙，以供耳目則可，入水品則不宜矣。有温泉，下生硫黄，故然。有同出一壑，半温半冷者，皆非食品。有流遠者，遠則味薄，取深潭停蓄，其味乃復。有不流者，食之有害，《博物志》曰：「山居之民多癭腫，由於飲泉之不流者」。泉上有惡木，則葉滋根潤，能損甘香，甚者能釀毒液，尤宜去之。如南陽菊潭〔三二〕，損益可驗。

江水

取去人遠者，楊子南冷，夾石渟淵，特入首品。

長流

亦有通泉竇者，必須汲貯，候其澄徹，可食。

井水

脉暗而性滯，味鹹而色濁，有妨茗氣。試煎茶一甌，隔宿視之，則結浮膩一層，他水則無此，其明驗矣。雖然汲多者可食，終非佳品。或平地偶穿一井，適通泉穴，味甘而澹，大旱不涸，與山泉無異，非可以井水例觀也。若海濱之井，必無佳泉，蓋潮汐近地斥鹵故也。

靈水

上天自降之澤，如上池、天酒、甜雪、香雨之類，世或希覯，人亦罕識，乃僊飲也。

丹泉

名山大川，仙翁修煉之处，水中有丹，其味異常，能延年却病，尤不易得。凡不淨之器，切不可汲〔二三〕。如新安黃山東峯下，有硃砂泉可點茗，春色微紅，此自然之丹液也。臨沅廖氏家世壽，後掘井左右，得丹砂數十斛〔二四〕。西湖葛洪井中有石瓮，陶出丹數枚，如芡實，啖之無味，棄之，有施漁翁者拾一粒食之，壽一百六歲。

味美曰甘泉，氣芳曰香泉。惟甘故能養人。然甘易而香難，未有香而不甘者。

山子藪《煮茶小品》〔二五〕。

養水

取白石子置瓮中〔二六〕，能養其味，亦可澄水不淆。

《茶記》言：養水，置石子於甕，不惟益水，而白石清泉，會心不遠。夫石子須取其水中，表裏瑩徹者佳。白如截肪，赤如雞冠，藍如螺黛，黃如蒸栗，黑如元漆。錦紋五色，輝映甕中。徙倚其側，應接不暇，非但益水，亦且娱神。屠豳叟《茗笈》〔二七〕。

洗茶

凡烹茶，先以熟湯洗茶，去其塵垢，冷氣烹之則美。

候湯

凡茶，須緩火炙，活火煎。活火謂炭火之有焰者，以其去餘薪之煙、雜穢之氣，且使湯無妄沸，庶可養茶。始如魚目，微有聲爲一沸，緣邊湧泉連珠爲二沸，奔濤濺沫爲三沸。三沸之法，非活火不成，如坡翁云：「蟹眼已過魚眼生，颼颼欲作松風聲」，盡之矣。若薪火方交，水釜纔熾，急取旋傾，水氣未消，謂之嫩。若人過百息，水逾十沸，或以話阻事廢，始取用之，湯已失性，謂之老。老與嫩，皆非也。

注湯

茶已就膏，宜以造化成其形。若手顫臂嚲，惟恐其深，瓶嘴之端，若存若亡。湯不順通，則茶不匀粹，是謂緩注。一甌之茗，不過二錢，茗盞量合宜，下湯不過六分，萬一快瀉而深積之，則茶少湯多，是謂急注。緩與急，皆非中湯，欲湯之中，臂任其責。

凡事俱可委人，第責成效而已，惟瀹茗須躬自執勞。瀹茗而不躬執，欲湯之良，無有是處。屠豳叟《茗笈》〔二八〕。

擇器

凡瓶要小者，易候湯，又點茶注湯相應〔二九〕。若瓶大啜存，停久味過，則不佳矣。所以策功建湯業者，金銀爲優，貧賤者不能具，則瓷石有足取焉。瓷瓶不奪茶氣，幽人逸士，品色尤宜。石凝結天地秀氣而賦形，琢以爲器，秀猶在焉，其湯不良，未之有也。然勿與誇珍衒豪臭公子道。銅、鐵、鉛、錫，腥苦且澁。無油瓦瓶，滲水而有土氣，用以煉水飲之，逾時惡氣纏口而不得去，亦不必與猥人俗輩言也。

宣廟時，有茶盞料精式雅，質厚難冷，瑩白如玉，可試茶色，最爲要用。蔡君謨取建盞，其色紺黑，似不宜用。

滌器

茶瓶、茶盞、茶匙生鉎，致損茶味，必須先時洗潔則美。

熁盞

凡點茶必須熁盞令熱，則茶面聚乳，冷則茶色不浮。

擇薪

凡木可以煮湯，不獨炭也。惟調茶在湯之淑慝，而湯最惡煙，非炭不可。若暴炭膏薪，濃煙蔽室，實爲茶魔。或柴中之麩火，焚餘之虛炭，風乾之竹篠、樹稍，燃鼎附瓶，頗甚快意，然體性浮薄，無中和之氣，亦非湯友。

擇果

茶有真香，有佳味，有正色，烹點之際，不宜以珍果香草奪之。奪其香者，松子、柑橙、木香、梅花、茉莉、薔薇、木樨之類是也；奪其味者，番桃、楊梅之類是也。凡飲佳茶，去果方覺清絕，襍之則無辨矣。若必曰所宜，核桃、榛子、杏仁、欖仁、菱米〔三〇〕、栗子、雞豆、銀杏、新笋、蓮肉之類，精製或可用也。

茶効

人飲真茶，能止渴消食，除痰少睡，利水道，明目益思，除煩去膩。出《本草拾遺》。人固不可一日無茶，然或有忌而不飲。每食已，輒以濃茶漱口，煩膩既去，而脾胃自清。凡肉之在齒間者，得茶滌之，乃盡消縮，不覺脱去，不煩刺挑也。而齒性便苦，緣此漸堅密，蠹毒自去矣。然率用中下茶。出蘇文。

人品

茶之爲飲，最宜精行修德之人。兼以白石清泉，烹煮如法，不時廢而或興，能熟習而深味，神融心醉，覺與醍醐甘露抗衡，斯善賞鑒者矣。使佳茗而飲非其人，猶汲泉以灌蒿萊，罪莫大焉。有其人而未識其趣，一吸而盡，不暇辨味，俗莫甚焉。司馬温公與蘇子瞻嗜茶墨，公云：「茶與墨正相反〔三一〕，茶欲白，墨欲黑，茶欲重，墨欲輕，茶欲新，墨欲陳。」蘇曰：「奇茶妙墨，俱香。」公以爲然。

唐武曌博學，有著述才，性惡茶，因以詆之。其略曰：「釋滯銷壅，一日之利暫佳，瘠氣侵精，終身之害斯大。獲益則收功茶力，貽患則不爲茶灾，豈非福近易知，禍遠難見？」《世説新語》。

李德裕奢侈過求。在中書時不飲京城水，悉用惠山泉，時謂之水遞，清致可嘉，有損盛德。《芝田録》。傳稱陸鴻漸闔門著書，誦詩擊木，性甘茗荈，味辨淄澠〔三二〕，清風雅趣，膾炙古今。鬻茶者至陶其形置煬突間，祀爲茶神，可謂尊崇之極矣。嘗考

《蠻甌志》云：「陸羽採越江茶，使小奴子看焙，奴失睡，茶燋爍不可食，羽怒，以鐵索縛奴而投火中。」殘忍若此，其餘不足觀也已矣。

飲茶以客少爲貴。客衆則喧，喧則雅趣乏矣。獨啜曰幽，二客曰勝，三四曰趣，五六曰汎，七八曰施。（《東原試茶録》）〔三三〕。

茶具

苦節君，湘竹風罏。建城，藏茶箬籠。湘筠焙，焙茶箱蓋其上，以收火氣也，隔其中以有容也，納火其下，去茶尺許，所以養茶色香味也。雲屯，泉缶。烏府，盛炭籃。水曹，滌器桶。鳴泉，煮茶礶。品司，編竹爲撞，收貯各品茶葉〔三四〕。沉垢，古茶洗。分盈，水杓，即《茶經》水則，每两升用茶一两。執權，準茶秤，每茶一两用水二升。合香，藏日支茶瓶以貯司品者。歸潔，竹筅箒用以滌壺。漉塵，洗茶籃。商象，古石鼎。遞火，銅火斗。降紅，銅火筯不用聯索。團風，湘竹扇。注春，茶壺。靜沸，竹架，即《茶經》支腹。運鋒，鑱果刀。啜香，茶甌。撩雲，竹茶匙。甘鈍，木碪墩。納敬，湘竹茶槖。易持，納茶漆雕秘閣。受污，拭抹布。

擬花榮辱

花之雅稱爲榮。曰：裁灌得時，開值晴明，輕雲蔽熱，暖日蒸香，薄寒護葩，和風拂蕋，清飔舞態，細雨逞嬌，煙籠殘醉，露濕新粧，涼月篩陰，夕陽弄影，蒼蘿梟娜，秀石巑岏，微雪點素，晚霞鬪彩〔三五〕，清溪照妍，疎籬倚笑，翠竹爲隣，長松作蔭，小橋斜站，明窗靜對，粉牆掩映，朱闌曲護，蒼崖倒懸，綠苔錯綴，銅瓶插玩，紙帳藏春，珍禽嘈雜，孤鶴步影，名園瀟灑，高齋清供，把酒傾歡，嬌歌艶賞，嘉客品題，主人韞籍，閏值三月，開值生日，種落山家，門無剝啄，家僮善衛，美人助妝，林間吹笛，膝上横琴，石枰下棊，掃雪煎茶。

花之憎嫉爲辱。曰：狂風摧慘，霪雨無度，列日銷鑠，嚴寒閉塞，種落俗家，惡鳥翻啣，春雪成凍，惡詩題詠，頑童採折，主人慳鄙，栽灌失時，藤草纏攪，臺榭荒涼，沉酣狼籍，藥罈作瓶，蠹食不治，蛛網聯結，麝臍薰觸，談論時政，較量差除，花徑喝道，對花幕緋，賞動鼓板，醜婦命名，蟠結作屏，庸僧窗下，食店插瓶，枝上曬衣，樹下狗糞，青粉畫屏，穢溝猥巷，煤煙塵坌，白晝青蠅〔三六〕，黃昏蝙蝠，權勢剪摘，頭戴如廁〔三七〕。

金魚品

嘗怪金魚之色相變幻，遍考魚部，即《山海經》、《異物志》亦不載。讀《子虛賦》，有曰：「網玳瑁鈎紫貝，及魚藻洞置，五色文魚」，因知其色相自來本異，而金魚特總名也。顧品有妍媸，而謂巧在配嘯者，又不可盡非之也。惟人好尚，與時變遷，初尚純紅純白，繼尚金盔、金鞍、錦被及印頭紅〔三八〕、裹頭紅、連鰓紅、首尾紅、鶴頂紅，若八卦、若骰色，又出贋僞，繼尚墨眼、雪眼、硃眼、紫眼、瑪瑙眼、琥珀眼，四紅至十二紅、二六紅，甚有所謂十二白，及堆金砌玉、落花流水、隔斷紅塵、蓮臺八瓣，種種不一。總之隨意命名，從無定顔者也。至花魚俗子目爲癩，不知神品都出是花魚，將來變幻，可勝紀哉。而紅頭種類，竟屬庸板矣，第眼雖貴於紅凸，然必泥此，無全魚矣，乃紅忌黃，白忌蠟。又不可不鑑，如藍魚、水晶魚，自是陂塘中物。知魚者，所不道也。若三尾、四尾、品尾，原係一種，體材近滯而色都鮮豔，可當具品第〔三九〕。金管尾也、銀管，廣陸新都、姑蘇競珍之。夫魚，一蟲類也，而好尚每異，世風之華實，兹非一驗與。

校勘記

〔一〕「紙帳」，續四庫本、秘笈本均脱此條，據龍威本、説庫本、叢集本補。

〔二〕「唐巾之製，去漢式不遠」，續四庫本、秘笈本均作「漢巾之製，去唐式不遠」，據龍威本、説庫本、叢集本改。

〔三〕「行用」，續四庫本、秘笈本均脱「用」字，據龍威本、説庫本、叢集本補。

〔四〕「身横則類鸛鷟」，續四庫本、秘笈本「鸛」均作「䴀」，脱「鷟」字，據龍威本、説庫本、叢集本補。

〔五〕「露眼赤睛則視遠」，續四庫本、秘笈本「露眼赤睛」均作「眼露赤色」，據龍威本、説庫本、叢集本改。

〔六〕「習之既熟」，續四庫本、秘笈本均脱「既」字，據龍威本、説庫本、叢集本補。

〔七〕「郭熙之『露頂攫拏』」，續四庫本、秘笈本「攫拏」均作「矍拿」，據龍威本、説庫本、叢集本改。

〔八〕「槎枒可觀」，續四庫本、秘笈本「枒」均作「牙」，據龍威本、説庫本、叢集本改。

〔九〕「蘇」，續四庫本作「蹗」，據龍威本、説庫本、叢集本改。

〔一〇〕「前縛以二竹爲柱，後縛船尾」，續四庫本、秘笈本均脱「以二竹爲柱後縛」等字，據龍威本、説庫本、叢集本補。

〔一一〕「山齋」，龍威本、説庫本、叢集本「山」均作「書」。

〔一二〕「茆亭」，續四庫本、秘笈本均脱此條，據龍威本、説庫本、叢集本補。

〔一三〕「花榭」，續四庫本、秘笈本均脱此條，據龍威本、説庫本、叢集本補。

〔一四〕「以編箬襯於罍底」，續四庫本、秘笈本「襯」均作「櫬」，據龍威本、説庫本、叢集本改。

〔一五〕「將半含白蓮花撥開」，續四庫本、秘笈本均脱「將」字，據龍威本、説庫本、叢集本補。

〔一六〕「入橙絲間和」，續四庫本、秘笈本均脱「絲」字，據龍威本、説庫本、叢集本補。

〔一七〕「置茶於上烘熱」，續四庫本、秘笈本均脱「烘熱」二字，據龍威本、説庫本、叢集本補。

〔一八〕「皆可作茶」，龍威本、説庫本「作茶」均作「伴茶」，叢集本作「伴花」。

〔一九〕「蘂之香氣全者」，續四庫本、秘笈本「之」均作「其」，據龍威本、説庫本、叢集本改。

〔二〇〕「量其茶之多少」，續四庫本、秘笈本均脱「之」字，據龍威本、説庫本、叢集本補。

〔二一〕「雪爲五穀之精」，續四庫本、秘笈本「精」均作「情」，據龍威本、説庫本、叢集本改。

〔二二〕「如南陽菊潭」，龍威本、説庫本、叢集本「潭」均作「鐔」。

〔二三〕「切不可汲」，續四庫本、秘笈本「切」均作「甚」，據龍威本、説庫本、叢集本改。

〔二四〕「左右得丹砂數十斛」，續四庫本、秘笈本「斛」均作「淘」，據龍威本、説庫本、叢集本改。

〔二五〕「味美曰甘泉……山子蓺煮茶小品」，續四庫本、秘笈本均脱此段，據龍威本、説庫本、叢集本補。

〔二六〕「取白石子置瓮中」，續四庫本、秘笈本均脱「置」字，據龍威本、説庫本、叢集本補。

〔二七〕「茶記言……屠豳叟茗笈」，續四庫本、秘笈本均脱此段，據龍威本、説庫本、叢集本補。

〔二八〕「凡事俱可委人……屠豳叟茗笈」，續四庫本、秘笈本均脱此段，據龍威本、説庫本、叢集本補。

〔二九〕「又點茶注湯相應」，續四庫本、秘笈本「相」均作「有」，據龍威本、説庫本、叢集本改。

〔三〇〕「菱米」，續四庫本、秘笈本「菱」均作「箋」，據龍威本、説庫本、叢集本改。

〔三一〕「茶於墨正相反」，續四庫本、秘笈本「反」均作「友」，據龍威本、説庫本、叢集本改。

〔三二〕「味辨淄澠」，續四庫本、秘笈本「澠」均作「繩」，據龍威本、説庫本、叢集本改。

〔三三〕「飲茶以客少爲貴……東原試茶録」，續四庫本、秘笈本均脱此段，據龍威本、説庫本、叢集本補。

〔三四〕「收貯各品茶葉」，續四庫本、秘笈本「茶葉」均作「葉茶」，據龍威本、説庫本、叢集本改。

〔三五〕「晚霞鬪彩」，續四庫本「晚」作「啘」，秘笈本「晚」作「脱」，據龍威本、説庫本、叢集本改。

〔三六〕「白晝青蠅」，續四庫本、秘笈本「青」均作「清」，據龍威本、説庫本、叢集本改。

〔三七〕「頭戴如廁」，續四庫本、秘笈本「廁」均作「側」，據龍威本、説庫本、叢集本改。

〔三八〕「及印頭紅」，續四庫本「印頭紅」作「印紅頭」，秘笈本作「紅印頭」，據龍威本、説庫本、叢集本改。

〔三九〕「品」，續四庫本、秘笈本均作「足」，據龍威本、説庫本、叢集本改。

跋

唐宋以來，文人學士，耳聞目見，俱以説部相尚，其間詳藝苑之閒情，志山家之清供，惟趙氏《洞天清録》，曹氏《格古要論》爲别成一格。余先祖儀部緯真公，向傳有《考槃餘事》四卷，依類分箋，辨析精審，筆墨所至，獨具瀟灑出塵之想。俾覽者於明窗淨几、好香苦茗時，得以賞心而悦目。洵足與趙、曹二書，并垂不朽已。乾隆乙巳夏日，嗣孫繼序，百拜謹跋。

附録

一、書目提要

《考槃餘事》四卷(通行本)。明屠隆撰。隆有《篇海類編》,已著録。是書雜論文房清玩之事。一卷言書版碑帖,二卷評書畫琴紙,三卷、四卷則筆硯爐瓶,以至一切器用服御之物,皆詳載之,列目頗爲瑣碎。其論明一代書家,以祝允明爲第一,而文徵明次之,軒輊亦未盡平允。

(《四庫全書總目提要》卷一三〇子部雜家類存目七)

《考槃餘事》,明屠隆撰,明萬曆刻《寶顏堂秘笈》本。

(《四庫全書存目叢書提要》子部雜家類)

《考槃餘事》，四卷，明屠隆撰，明刊本，秘笈本，龍威秘書本，懺花庵十卷本，廣百川本。

（《八千卷樓書目提要》卷十三）

《考槃餘事》四卷四册，明屠隆撰，清錢大昕、孫傳澂校，清乾隆五十年東海屠氏重刊本。附清乾隆乙巳錢大昕序、清乾隆乙巳屠繼序跋。卷一、卷三之末葉題「同里後學孫傳澂對潤氏校正」。第二册之末葉黏貼一紙墨筆題「考槃餘事四本六元」，鈐有「二二百書店」。

（《東海大學館藏善本書提要簡明目録》子部雜家類）

二、生平資料

屠隆者，字長卿，明臣同邑人也。生有異才，嘗學詩於明臣，落筆數千言立就。族人大山、里人張時徹方爲貴官，共相延譽，名大噪。舉萬曆五年進士，除潁上知縣，調繁青浦。時招名士飲酒賦詩，游九峰、三泖，以仙令自許，然於吏事不廢，士民皆愛戴之。遷禮部主事。西寧侯宋世恩兄事隆，宴游甚歡。刑部主事俞顯卿者，險人也，嘗爲隆所詆，心恨之。訐隆與世恩淫縱，詞連禮部尚書陳經邦。隆等上疏自理，并列顯卿挾仇誣陷狀。所司乃兩黜之，而停世恩俸半歲。隆歸，道青浦，父老爲斂田千畝，請徙居。隆不許，歡飲三日謝去。歸益縱情詩酒，好賓客，賣文爲活。詩文率不經意，一揮數紙。嘗戲命兩人對案拈二題，各賦百韻，咄嗟之間，二章并就。又與人對弈，口誦詩文，命人書之，書不逮誦也。子婦沈氏，修撰懋學女，與隆女瑶瑟并能詩。隆有所作，兩人輒和之。兩家兄弟合刻其詩，曰《留香草》。

（《明史》卷二八八《文苑傳四》）

隆，字長卿，鄞縣人。萬曆丁丑進士，除潁上知縣，調青浦，升禮部主客主事，歷儀制郎中。長卿令青浦，延接吴越間名士沈嘉則、馮開之之流，泛舟置酒，青簾白舫，縱浪泖浦間，以仙令自許。在郎署，益放詩酒，西寧宋小侯少年好聲詩，相得歡甚，雨家肆筵曲宴，男女雜坐，絶纓滅燭之語，喧傳都下，中白簡罷官。壯年不自聊，縱游關塞，思得一當，歸而談空覈玄，自詭出世。晚年一無所遇，爲大言以自慰而已。吴人孫棨祖，挾乩仙，稱慧虚子，長卿篤信之。病革，猶扶牀凝望，幾慧虚飈輪迎我，悵怏而卒。長卿既不仕，遨游吴越間，尋山訪道，嘯傲賦詩，晚年出盱江，登武夷，窮八閩之勝。阮堅之司理晋安，以癸卯中秋，大會詞人於烏石山之隣霄臺，名士宴集者七十餘人，而長卿爲祭酒。梨園數部，觀者如堵。酒闌樂罷，長卿幅巾白袷，奮袖作「漁陽摻」，鼓聲一作，廣場無人，山雲怒飛，海水起立。林茂之少年下坐，長卿起執其手曰：「子當爲撾鼓歌以贈屠生，快哉，此夕千古矣！」歸而游吴涉江，留連虞山狼五間，判年始還，未幾而卒。長卿答友人書，自敘其所作，以爲姿敏而意疏，姿敏故多疾給，意疏故少精堅，束髮操觚，睥睨一世，長篇短什，信心矢口。嘗戲命两人對案，分拈二題，各賦百韻，咄嗟之間，二章并就。又與人對弈，口誦詩文，我誦彼書，書不逮誦，非不欲求工厭物，而姿性使然，雖復苦心腐毫，閣筆不下，亦只如是。今所傳《由拳》、《白榆》、《采真》、《南游》諸集，皆未曾起草之筆也。長卿雖爲吏，家無餘貲，好交游，蓄聲伎，不耐岑寂，不能不出游人間。自謂采真者十之三，乞食者十之七，蓋實録也。衰晚之年，精華垂盡，率筆應酬，取悦耳目，淵明乞食之詩，固曰「叩門拙言詞」，今乃以文詞爲乞食之具，志安得不日降，而文安得不日卑。長卿晚作冗長不足觀，其病坐此，雲杜亦云，豈不傷哉！

（《列朝詩集小傳》丁集上）